国际电气工程先进技术译丛

# 产品设计的电磁兼容故障排除技术

[美] 帕特里克·G. 安德烈 (Patrick G. André)

肯尼思·D. 怀亚特 (Kenneth D. Wyatt)　著

崔强　译

机 械 工 业 出 版 社

本书详细讲述了产品的电磁干扰（EMI）故障排除技术。其目的是为工程师和技术人员提供 EMI 故障排除思路、故障排除方法或诊断工具。全书共 11 章，内容包括电磁基础、电磁干扰和电磁兼容、测量仪器、辐射发射、传导发射、辐射敏感度、传导敏感度、电快速瞬变脉冲群（EFT）、静电放电（ESD）、浪涌和雷电脉冲的瞬态抑制，以及其他特定的 EMI 问题。此外，本书还给出了 8 个附录，为读者提供了非常有价值的辅助信息、技术和工具。

本书可供电子电气、电子产品的设计人员和电磁兼容（EMC）工程师使用，也可作为高等学校工科电子信息和通信类专业师生的辅助教材。

# 译 者 序

随着电子科学技术的发展，几乎所有的电子电气产品都含有集成电路和印制电路板，这就涉及电磁兼容（Electromagnetic Compatibility，EMC）问题。EMC 是电子电气产品必须要求的指标之一。如果从产品设计之初对其进行 EMC 设计，那么就能确保其顺利通过 EMC 符合性试验，即满足标准/法规的要求。然而，在实际当中，很多产品从设计之初并未考虑 EMC 设计，因此，当产品在试验阶段出现 EMI 问题时，设计人员不得不解决这些问题，这时就急于想得到能解决这些 EMC 问题的简单诊断技术和解决方法。

帕特里克·G. 安德烈（Patrick G. André）和肯尼思·D. 怀亚特（Kenneth D. Wyatt）著的本书，详细讲述了产品的电磁干扰（Electromagnetic Interference，EMI）故障排除技术，即如何着手处理产品出现的 EMI 问题，尝试做哪些事情，以及如何选择正确的部件。其目的是为工程师和技术人员提供 EMI 故障排除思路、故障排除方法或诊断工具，减少工程师在产品设计阶段所承受的压力。全书共 11 章，内容包括，电磁基础、电磁干扰和电磁兼容、测量仪器、辐射发射、传导发射、辐射敏感度、传导敏感度、电快速瞬变脉冲群（Electrically Fast Transient，EFT）、静电放电（Electrostatic Discharge，ESD）、浪涌和雷电脉冲的瞬态抑制，以及其他特定的 EMI 问题。此外，本书还给出 8 个附录，为读者提供了非常有价值的辅助信息、技术和工具。

本书可供电子电气产品的设计人员和 EMC 工程师使用，也可作为高等学校工科电子信息和通信类专业师生的辅助教材。

本书由崔强博士翻译和审校。在本书翻译的过程中，得到了机械工业出版社王欢编辑的支持，译者在此表示诚挚的感谢。由于译者水平有限，翻译时间紧，书中的不妥之处在所难免，敬请广大读者批评指正。

译者

# 原 书 序

我们所有人都会或都应意识到，最佳的方式是从产品设计之初就对其进行 EMC 设计。然而，在实际进行产品设计时，我们很少这样做，因此，当产品出现 EMC 问题之后，设计人员就要解决这些问题。即使产品具有好的 EMC 设计，仍可能留下一两个较小的必须通过诊断才能解决的问题。因此，设计人员经常询问最多的一项内容就是解决 EMC 问题的简单诊断技术和解决办法。

尽管目前市面上已有很多 EMC 书籍，其中的一些也是相当好的，但对于简单和低成本的 EMC 故障排除技术和解决办法，这些书中给出的实际可用信息并不多。本书就是讲述 EMC 故障排除技术和解决办法，即当你的产品不能通过一项或多项 EMC 符合性试验时你应做什么。换句话说，就是使用简单和低成本的工具和设备，如何对问题进行诊断并加以解决。

作为 EMC 咨询师，我经常为客户诊断 EMC 问题并加以解决。其实在许多情况中，这些问题他们自己是能够进行诊断并加以解决的。但他们为什么不知道怎么进行诊断并加以解决呢？我认为有以下三个方面的原因：

1. 当需要对问题进行诊断时，他们不知道使用什么试验设备。

2. 即使他们有试验设备，但他们不知道使用这些设备来做些什么。

3. 他们不知道该使用哪种办法才能解决问题。

本书使用简单、实际和非常易于理解的方式回答了上述三个问题。我特别喜欢这样的编排，即每章都讲述了在 EMC 符合性实验室和在自有设施中进行的故障排除案例。当产品在 EMC 符合性实验室中没能通过试验时，应在实验室对问题进行归类。例如，如果产品没能通过辐射发射试验，应尽力确定辐射是由电缆还是由产品外壳产生的。然后，当利用自有设施时，能使用本书中给出的针对自有设施的故障排除技术，来对问题进行进一步的诊断并加以解决。

简单来说，本书首先假设的是产品在符合性实验室中没能通过某项 EMC 试验，然后使用本书中给出的故障排除技术在实验室和/或自有设施中对问题进行诊断并加以解决。在大多数情况下，这个过程正好是相反的；即当去实验室进行符合性试验之前，需要利用自有设施进行一些简单的试验。这也是我经常推荐给客户的方法。通过这种方式，通常可能提前解决 EMC 符合性实验室将发现的产品问题。

本书给出的一些诊断技术是定量的，而另一些则是定性的。对于定量测量的情况，在实际当中，EMC 符合性实验室的试验结果对产品合格与否的判定具有相当的准确度。定性测量则不能直接预测 EMC 试验的结果，但当你对产品使用 A 和 B 两种解决办法时，这种定性测量对于这两种解决办法的比较是非常有用的。

本书并不是一本讲述 EMC 试验的理论书籍。然而，正如本书的书名所表明的，它给出了简单的和直接的办法，用于对看似非常复杂的 EMC 问题进行排除和解决。使用本书给出的简单、低成本的 EMI 故障排除工具箱及故障排除技术，能够节约时间和成本。既然产品设计人员迟早都需要诊断和解决 EMC 问题，那么本书应是我们所有人书架上的必备之书。

亨利·**W.** 奥特
亨利·奥特咨询公司
美国新泽西州利文斯顿

# 致　　谢

虽然全身心地投入到本书的编写工作中，但我们更要感谢我们的家人和同事的帮助和支持，正是他们帮助审核书稿，并鼓励我们继续编写。尽管生活中还有很多其他事情，但我们更乐于继续帮助客户解决产品试验的问题。我们也经常互相支持和鼓励，这使得我们的合作非常愉快。

我们尤其要感谢由 EMC 咨询师和产品设计人员组成的同行审稿团队：David Eckhardt（美国 EMC Design&Test 公司），David Oliver（美国 Analytical Spectral Devices 公司），Tom Van Doren 博士（名誉教授，美国密苏里科技大学）和 Robert Witte（美国安捷伦科技公司）。我们也要感谢 Bruce Archambeault（美国 IBM 公司退休，EMC 咨询师）、Henry Ott（美国 Henry Ott 咨询公司）、Jerry Meyerhoff（美国 JDM 实验室）、Steve Jensen（美国 Steve Jensen 咨询公司）和 Alexander Perez（美国安捷伦科技公司）。他们为本书的有关内容做出了非常有价值的贡献。我们还要感谢美国埃斯特林公司的 Robert Crane 和 Dean Flagg，以及美国安捷伦科技公司 Merlin Loblick 和 Kuifeng（Clifford）Hu，他们为我们提供了实验室和试验设施，便于我们进行试验和获得相关实验数据以形成本书中的一些工具和技术。最后，我们还要感谢许多出色的生产相关 EMC 设备和工具的制造商，并允许我们在本书中使用很多其产品照片作为示例。

# 原 书 前 言

当身处符合性实验室，对花费了很多时间设计的产品进行符合性试验时，其试验结果却不是所期望的，即，试验结果可能超过了发射限值或者设备可能对某些试验信号敏感，如射频辐射能量、浪涌电流，或者可能是 ESD 脉冲。并且，可能所剩时间有限，已快到产品设计的截止期限，可能已超过了预算，现在不得不对产品进行某些整改以通过 EMC 试验，这需要额外的成本或延迟交付。当很多人听到这样的结果及所存在的问题时，也会很不高兴。

当工程师们尽力让产品通过不同的 EMI 符合性试验时，上述情况是他们经常遇到的。现在的问题是他们需要做什么或去哪里寻求帮助。他们需要做的是，尽快对所出现的问题进行评估，然后寻找可用的解决办法，这样做有助于保证进度，同时避免超出预算。作为 EMC 领域的咨询工程师，我们经常发现相同的产品设计问题，这些问题使产品在符合性试验的过程中成为不合格产品。这些问题中的大多数都是简单的设计错误，即端接电缆的屏蔽不好、输入/输出连接器的问题、系统设计不好或内部电缆的走线存在问题。在许多情况下，不管是在符合性实验室还是自己的试验设施中，根据以前产品得到的经验，使用简单的解决办法就能很快地解决这些问题。

在当今经济环境下，许多小型和中型公司由于有限的预算，并不能雇佣全职的产品符合性工程师。产品的 EMC 符合性现在通常由产品设计人员负责，但他们中的大多数人并没有经过足够的 EMC 培训。即使在较大的公司中，出于成本的考虑，也已不再雇佣产品符合性工程师，工程师往往要承担多个项目且时间紧。虽然一些很好的书籍已讲述过 EMI 问题、解决办法及一些控制电磁能量的方法，但不幸的是要从这些书中提取出这些解决办法是很困难的。对大量公式和奇异概念的掌握，最好还是留给科研和工程专业的研究生们吧！本书的目的是为了避免这种复杂性，简化信息，以简单的方式进行编排，并使用平实的语言进行讲述。

本书尽力讲述识别和解决问题的过程，讲述一些与测量有关的基本原理：什么是波长或什么是1/4波长？什么是分贝（dB）？什么是分辨率带宽及波长的单位是什么？我们介绍了很多的产品不合格的问题，以及产生这些问题的原因。此外，我们也尽力给一线工程师和技术人员一些如何解决问题的思路，而不仅是在电缆上加装铁氧体，尽管这可能是一些问题的解决办法。

本书也给出了一些工程师或技术人员可以自制的简单的和价格便宜的故障排除工具或辅助工具的例子。我们给出的方法，仅要求读者了解基本的电磁理论及掌握最少的EMI/EMC背景知识。本书的目标是为读者提供根据我们经验得到的解决办法，这样做的目的是让工程师和技术人员能够形成自己的故障排除思路、故障排除方法或诊断工具。然后，我们为如下几方面提供指南：如何着手处理不合格的EMI问题，尝试做哪些事情，如何选择正确的部件及如何对产品成本、性能和时间进度进行平衡。我们希望本书能减少工程师在产品设计阶段所承受的压力。

第1、2章讲述了一些基本的EMC理论，这对于理解和想象电磁（EM）波、电磁场和高频电流的流动非常重要。由于大多数EMI是与控制高频电流有关的，因此这两章为故障排除过程和解决办法的实施提供了基础。

第3章给出了使用常用设备（如频谱分析仪和示波器）进行基本EMI测量的有关信息。本章同时也给出了自制的和商用的探头和天线的有关信息，这些设备对于检测电磁场和高频电流非常重要。本章还介绍了非常有用的设备以自制EMI故障排除工具。附录D给出了更详细的组装故障排除工具的有关信息。

第4~10章分别讲述了特定EMI试验的故障排除技术，如辐射发射和传导发射、辐射和传导敏感度、EFT、ESD及由于雷电产生的浪涌和高能量脉冲。这些章节的编排基本一致，包括试验简介及试验不合格时要检查的项目清单、不合格的典型原因、在EMI符合性实验室中能采取的快速故障排除步骤，以及使用自己的设施的更详细和更综合的故障排除步骤。每章都给出了不同的低成本工具和自制技巧，以及不合格问题的典型解决办法。

第11章涵盖了其他特定 EMI 问题，如有意辐射体和无线设备、医疗产品、大型系统或落地式系统、汽车、开关电源和液晶显示器（Liquid Crystal Display，LCD）。本章给出了这些系统特有的 EMI 问题及专门用于解决这些问题的故障排除技术。

本书也包括8个附录，著者认为它们涵盖的内容是非常有价值的支撑信息、技术和工具，可协助我们进行故障排除。附录 A 给出了一些换算工具和公式。附录 B 给出了电子表格工具用于帮助计算时钟振荡器的谐波。附录 C 给出了如何使用电抗图以快速地计算简单 RLC 网络和滤波器的伯德图。附录 D 给出了很多工具可用于装备 EMI 故障排除工具箱。多数故障排除工具都易于自制。另外，还给出了低价频谱分析仪的有关信息，这些频谱分析仪中的一些正好能放进工具箱。附录 E 给出了一些常用 EMI 滤波器的设计技术。附录 F 描述了一种简单的用于测量谐振结构（如电缆及屏蔽壳体上的缝隙或间隙）的技术。附录 G 列出了主要的标准化组织和 EMC 标准。最后，附录 H 列出了在 EMC/EMI 领域常用的符号和缩略语。

读者需要易于理解的答案且更想快速掌握。本书将尽力提供这些答案。本书也给出了一些解决问题的思路所隐含的理论知识，当回顾获得的成果时可能会更理解这些理论知识。

因此，让我们努力研读本书以得到这些解决 EMC 问题的答案。祝我们好运，且更祝愿我们将取得巨大的成功。

帕特里克·G. 安德烈
美国华盛顿州西雅图
（andreconsulting. com）
肯尼思·D. 怀亚特
美国科罗拉多州伍德兰帕克
（emc – seminars. com）

# 目　　录

# 第1章 电磁基础

## 1.0 停止试验：电磁干扰（EMI）故障排除是必需的

这种做法是正确的：如果已经在电磁兼容（EMC）符合性试验设施中对产品进行反复试验，那么应该停止对产品的整体试验。除非 EMC 问题非常简单，否则很可能只是在浪费时间和金钱。此时要做的不是整体试验，而可能只是针对一个特定的频率或小的频率范围，针对一个特定的试验电平，或者仅分析一个电路或滤波器的一部分。

通过一种系统的和基于过程的方式来处理产品 EMC 试验不合格，将能够更容易和更快速地缩小导致不合格的根本原因的范围。尽管解决试验不合格不是那么的容易，但希望在本书的帮助下，能让读者学到一系列的可能解决问题的办法，以及如何缩小可能原因的范围。

## 1.1 什么是电磁场

如果我们能看见电磁场，那么排除干扰故障将会更加简单。这也能使解决 EMC 问题的过程更易于理解。每一条载有时变高频电流的导线、电缆或印制电路都将产生电场（E 场）和磁场（H 场）的混合场，如图 1.1 所示。这种混合场也被称为电磁（EM）场。这些从一条电缆或印制电路耦合到另一条电缆或印制电路的电磁场，或者通过缝、孔及电缆屏蔽层差的搭接通过产品外壳泄漏的电磁场，都是产生一系列问题的根源——甚至经常会造成试验结果不合格。同样的，外部电磁场 [如双向无线电发射机或静电放电（ESD）] 能穿透产品，从而造成产品性能下降、锁死甚至使部件遭到损坏。

通过以参考层上的微带线为例，如图 1.1 所示，可以发现磁感线（属于 H 场）环绕着信号印制线，而电场线（属于 E 场）则从信号印制线直接发出，与参考层产生耦合且垂直于参考层的表面。E 场与信号印制线和参考层之间的电压有关，而 H 场则与印制线上流过的电流有关。

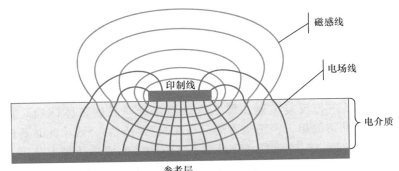

图 1.1    信号返回层上典型微带线印制电路板印制线的侧视图
（给出了电场线和磁感线）

所有载有时变电流或电压的导线或印制线都将会产生围绕它们的电磁场。这也是电磁能量能够从一条导线、印制线或电缆耦合到另一条导线、印制线或电缆的原因。

本书第 3 章的天线部分，将继续讨论电磁场的传播。

这里给出图 1.1 的目的是为了让读者更直观地了解导线、印制线及电缆周围的场分布，这将有助于讨论 E 场和 H 场的近场探测。

## 1.2    什么是分贝（dB）

本书将使用分贝作为测量单位。对于需要复习这些内容的读者，本节内容将很有帮助。对于不需要复习这些内容的读者，可跳过本节直接进入下一节。

分贝是基于对数的单位，用于表示能量、功率和强度，其最初由贝尔电话实验室引入。在 EMC 领域，几乎所有的测量及得到的读数都使用分贝。由于从很小到很大的数值范围（如 $1\mu W$ ~10kW）都能用分贝很方便地表示，因此分贝得到了广泛使用。

分贝的定义为

$$10 \log_{10} \frac{测得的功率值}{单位功率} \tag{1.1}$$

例如，5W 的读数表示为 mW，即 5000mW，则

$$10 \log_{10} \frac{5000\mathrm{mW}}{1\mathrm{mW}} \approx 37\mathrm{dBmW} \text{ 或 } 37\mathrm{dBm}$$

通常情况下，当表示功率时 dBmW 会省略掉字母 W，因此看到的结果表示为 37dBm。注意，一定要将测量值转换为想要的单位。例如，如果测量值为 5W，那么用分贝表示则为 7dBW，虽然大部分人在实际当中习惯使用 37dBm。

在 EMC 测量中，所有的表达式都是取以 10 为底的对数，因此下面将省略底数 10。

EMC 领域中大部分的读数使用的是电压或电流的单位，或者更准确地说使用的单位是微伏（μV）和微安（μA）。此外，电压或电流读数转化为分贝时使用的系数为 20，而不是功率转换为分贝时使用的系数 10，如表 1.1 所示。这会对测量结果的修正带来一定混淆。

首先，从欧姆定律和功率方程，可得

$$P = I^2 R = \frac{V^2}{R} \tag{1.2}$$

由于几乎所有的 EMC 测量使用的都是 50Ω 系统，因此电阻 $R = 50Ω$。应记住以下对数公式：

$$\log x^2 = 2\log x$$
$$\log xy = \log x + \log y$$
$$\log \frac{x}{y} = \log x - \log y$$

现在将式（1.2）的两边都转换为 dB，则得

$$\log P = 10\log I^2 + 10\log R = 20\log I + 10\log R \tag{1.3}$$

同样的，也可得

$$\log P = 20\log V - 10\log R \tag{1.4}$$

此外，由于式（1.3）和式（1.4）彼此相等，则得

$$20\log V - 10\log R = 20\log I + 10\log R \qquad (1.5)$$

或者，把所有的电阻项移到等式的一端，则得

$$20\log V = 20\log I + 20\log R$$

因此，功率转换为 dB 时使用 10log。然而，电压和电流转换为 dB 时则使用 20log。

最常见的转换之一是把 dBm 转换为 dBμV，就是把表示为分贝的毫瓦转换为表示为分贝的微伏。频谱分析仪使用 dBm 作为常用单位，而对于大多数的电磁干扰测量读数则是从 dBμV 转换而来的。下面的数学等式中使用的单位为 W 和 V。

把 0dBm 转换为 dBμV 的对应值为

$$0\text{dBm} = 0.001\text{W}$$

$$0.001\text{W} = \frac{V^2}{50\Omega}$$

求解 $V$，有

$$V = \sqrt{0.001\text{W} \times 50\Omega} = \sqrt{0.05}\text{V} = 0.2236\text{V}$$

现在把上式得到的值的单位转换为 dBV，则有

$$V_{\text{dB}} = 20\log(0.2236\text{V}) \approx -13.01\text{dBV}$$

为了把单位转换为 dBμV，必须在上式得到的结果上加上 120（即 $20\log 10^6$）：

$$0\text{dBm} = -13.01\text{dBμV} + 120\text{dBμV} = 106.99\text{dBμV} \approx 107\text{dBμV}$$
$$(1.6)$$

因此，0dBm = 107dBμV。大多数的电磁兼容测量中都常用到这种转换。

表 1.1 给出了一些常用的单位转换。

**表 1.1　转换为分贝（dB）**

| 比值 | 功率 | 电压或电流 |
| --- | --- | --- |
| 0.1 | -10dB | -20dB |
| 0.2 | -7.0dB | -14.0dB |
| 0.3 | -5.2dB | -10.5dB |
| 0.5 | -3.0dB | -6.0dB |

（续）

| 比值 | 功率 | 电压或电流 |
|---|---|---|
| 1 | 0dB | 0dB |
| 2 | 3.0dB | 6.0dB |
| 3 | 4.8dB | 9.5dB |
| 5 | 7.0dB | 14.0dB |
| 7 | 8.5dB | 16.9dB |
| 8 | 9.0dB | 18.1dB |
| 9 | 9.5dB | 19.1dB |
| 10 | 10dB | 20dB |
| 20 | 13.0dB | 26.0dB |
| 30 | 14.8dB | 29.5dB |
| 50 | 17.0dB | 34.0dB |
| 100 | 20dB | 40dB |
| 1 000 | 30dB | 60dB |
| 1 000 000 | 60dB | 120dB |

下面提供一些快速计算的技巧：

● 数值乘以 2，对于功率增加 3dB，对于电压和电流增加 6dB。

● 数值减小 1/2，对于功率减小 3dB，对于电压和电流减小 6dB。

● 数值乘以 3，对于功率增加 5dB，对于电压和电流增加 10dB。

● 数值乘以 10，对于功率增加 10dB，对于电压和电流增加 20dB。

● 数值乘以 5 的值为数值乘以 10 的值的一半，对于功率相当于减去 3dB，对于电压和电流相当于减去 6dB。

● 应记住，对于电压和电流，数值乘以 7 相当于增加大约 17dB，乘以 8 相当于增加大约 18dB，乘以 9 相当于增加大约 19dB。

这些转换的都是近似值。然而，在 EMC 领域，误差在 0.5dB 内的情况几乎没有。因此，对于故障排除，近似的估计值用于快速计算已是足够了。

## 1.3   EMI 和 EMC

首先，让我们定义 EMI 和 EMC。EMI，通常用来指一个产品或系统对已有的通信系统、广播或电视产生的干扰，或其对另外一个电子系统或产品产生的潜在干扰。

另一方面，EMC 不仅包括干扰。它还包括产品与其周围环境整体上的电磁兼容，既有产品产生的对外干扰，也有外部环境对产品的干扰。考虑如下这种定义：

- 电子产品不会对其所处的环境产生干扰（发射）。
- 电子产品所处的环境中的其他产品运行时不影响本产品的正常运行（抗扰度）。

EMC 中的另外一个方面并没有被详细地包括进去：

- 电子产品的自身内部不互相产生干扰。这个方面中的一部分包含在信号完整性（Signal Integrity，SI）领域。

最后，EMC 概念另一方面则是更多受到军用、航空航天和汽车行业的关注。对于商用产品的 EMI 试验，通常是在某些测量距离（如 3m 或 10m）上进行，然而对于上述提到的这三个行业，所进行的 EMI 试验则能更好地模拟产品的实际安装：

- 电子产品进行发射、抗扰度及其他耦合试验，目的是确保或表征其与实际环境（设计时所考虑的）的兼容性。

因此，从根本上来讲，电子产品的消费者及使用者，期望每一个产品都能在其设计时所考虑的环境中正常地运行。也就是说，电子产品的运行既不会对其周围的产品产生干扰（辐射发射或传导发射），同时其周围产品的运行也不会影响其运行（即对不同干扰的抗扰度，如强射频场、静电放电及由雷电、电机和照明开关产生的浪涌）。对于军用/航空航天/汽车方面的应用来说，产品或分系统必须与其设计时所考虑的平台相兼容。

## 1.4 干扰的类型

干扰有如下多种类型：

• 固定频率的干扰（调制的或非调制的），如 AM/FM 广播台、电视、移动电话、机场导航、电源变压器或收发两用的无线电设备。

• 操作人员接触产品产生的静电，甚至仅从旁边走过或从座位上站起来产生的 ESD。

• 脉冲或浪涌电流，如由远距离的雷击、电动机的起动、继电器、开关的通断等产生的，这种干扰会产生电弧放电。

干扰也可以分为窄带和宽带。窄带和宽带的概念将在后续章节进行讨论。

典型的窄带源包括无线（或其他）发射机、广播发射、晶体振荡器、数字信号产生的谐波和高频时钟信号。

宽带源通常包括开关电源、ESD、雷电及其他脉冲类型的信号或瞬态信号。

## 1.5 差模电流和共模电流

理解和解决 EMC 问题的关键是理解电流的流动。电流沿环路流动，但对于数字电路设计人员来说，忘记这个重要事实的情况并不少见。他们通常处理的电压，大多是如一个门电路输入给另外一个门电路这样的情况。绘制电路原理图时使用一个或多个接地符号用于表示信号回路或电源回路。这通常被称为"隐藏的电路原理图"。回路如何进行布线、定义及如何回到电源，对于这些方面通常都没有给出指导或考虑。当电路板的返回层由设计人员进行布线或由 CAD 软件自动布线时，经常就会出现问题，即许多与电路板相关的 EMI 问题。然而，通过理解明白返回电流是如何返回到其电源的，并确保返回路径为低阻抗的，可以进一步解决问题，但对于 EMI 问题的彻底成功解决仍还有很长的路要走。

  首先，考虑电流是如何流动的。在低频时（50kHz以下），返回电流通常沿着电阻最小的路径流动。在高频时（50kHz以上），返回电流通常沿着阻抗最小的路径流动。请注意，这两个概念并不相同。电阻最小的路径取决于返回路径上导体的材料性能及从电源到负载的距离，即返回电流以直接路径流回到电源。阻抗最小的路径取决于印制线与返回路径之间的感性效应和容性效应，这会使返回电流在信号（或电源）印制线的下面直接流动。产生这种现象的原因是在较高频率，信号电流路径的自感最小，储存的磁场能量和路径阻抗也最小。这通常会使输出电流和返回电流之间的物理空间（或环路面积）最小。此概念将在本书第2章进行详细讲述。

  通过观察变压器是如何进行工作，能更容易地理解上述概念，如图1.2所示。当交变电流（AC）或高频电流在变压器的一个绕组上流动时，通过与相邻绕组的磁场耦合，会在另外一个绕组上产生一个方向相反的电流。当电流通过导体或印制电路层时，它们的工作原理与电流在电路印制线中流动时的工作原理相同。这方面的详细讨论见本书第2章。

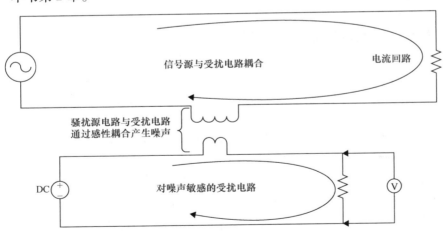

图1.2　具有较大功率信号的电路产生的噪声能耦合给受扰电路
（如检测电路）从而产生干扰

接下来考虑一个概念：什么电流通常称为差模（Differential Mode，DM）电流或差分电流。它们就是从电源到负载然后再从负载回到电源的信号电流或电源电流。DM 电流沿着环路流动，从电源到负载的输出电流以及从负载回到电源的返回电流。这两条路径靠得越近，产生的自感应磁场就越小，这将会减小与其他导线、印制线或电路的耦合。当迫使电源、信号印制线或导线与其返回路径相远离时，就会产生一个较大的环路，如图 1.3 所示，这种情况下就会出现问题。环路越大，产生的辐射磁场就越大，反之，这也更易于接收其他磁场源产生的磁场。这就会将干扰引入这些电路。

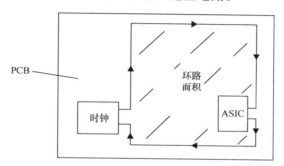

图 1.3  常见的错误是迫使高频返回电流远离阻抗最小的路径
从而形成大的环路天线

幸运的是，通常使用的是返回层或参考层，也经常被错误地称为接地层。正如上述已指出的，返回层或参考层上的印制线会与其下面的返回路产生直接的感性耦合。具有本地耦合返回路径的印制线能使其和返回路径之间的闭环面积最小，从而使印制线产生的发射最小，以及使电路对外界干扰的敏感度最低。然而，当对 PCB 进行布线时，如果信号电流路径和返回电流路径之间相距若干层或在返回层或参考层上存在孤岛或切口，那么参考层将会失去其所有优点。

DM 电流流过的路径与共模（Common Mode，CM）电流流过的路径不同。CM 电流的不同之处在于它们沿着信号电路（或信号路径）和返回电路（或返回路径）流动时的方向相同。它们的值通常也是非常小的，为微安级。一个很好理解 DM 电流和 CM 电流的方法是，各

DM 电流（数字信号）要求专用的返回路径才能工作，而各 CM 电流要求提供返回路径就可以（共用）。如果没有为 CM 信号提供返回路径，那么它将会自己寻找，这极可能会形成一个很大的闭环面积，从而产生强的辐射发射！

考虑两个子系统的情况（电路1和电路2），如图 1.4 所示。子系统可以是两个集成电路（Integrated Circuit，IC）或两块电路板，它们具有共同的返回/参考路径。如果返回路径为一层，那么两个子系统之间的阻抗将是非常小的，为毫欧级。即便如此，如果在返回路径的两个点之间进行测量，也会存在很小的电压，这是由 EM 场感应产生的不同电流流过这些小的阻抗产生的。如果这两点之间存在电压降，那么它们之间肯定存在电流。正是这个小电流产生了 CM 电流，其在信号路径和信号返回路径上的流动方向相同。这种情况也经常出现在与产品相连接的 I/O 电缆上，这极可能是辐射发射产生超标的原因。

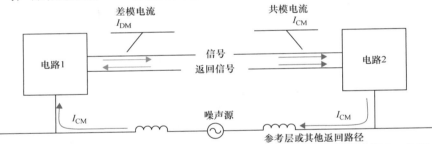

图 1.4 电路 1 的参考层和电路 2 的参考层之间的电压差将产生共模电流 $I_{CM}/2$ 和 $I_{CM}/2$，两者在两个子系统之间的连接电缆或印制线上的流动方向相同

产生 CM 电流的其他方法还包括利用电压源，其可能与机壳产生容性耦合，如通过电源的散热片。开关装置与外壳之间的电压能在整个电路中产生 CM 电流，对于这种情况，必须在外壳上找一个连接让 CM 电流流回到电源。对于与外壳没有任何交流连接的孤立电源，这将会使所有的电源和互连电缆都产生辐射，应尽力让这种电能返回到外壳，然后返回到电源。

如果返回层上存在被忽视的槽或缝隙而迫使返回电流流过较长的路径，或者如果高频信号电路的电源或负载间被忽视的阻抗匹配很差，那么也会产生 CM 电流。

由于 CM 信号与其返回路径之间的距离很大，那么与 DM 的相比，CM 噪声能产生更有效的辐射。一些仿真模型表明，根据频率和电流回路的几何形状，CM 电流产生的辐射能量效率更高，为 DM 辐射的 $10^6$ 倍。至少可以说，$1\mu A$ 的 CM 电流产生的辐射能量相当于 $1mA$ 的 DM 电流产生的辐射能量。

## 1.6　时域和频域

大部分人都很熟悉示波器，并用它来读取频率和电压值。然而，在 EMC 领域，大部分的读数都是从频谱分析仪、测量接收机或其他基于频率测量的设备得到的。知道如何解释这些读数，则是非常重要的。

使用傅里叶级数展开，一个方波信号可以由一个正弦的基频及基频的奇数倍的谐波（称为奇次谐波）叠加产生。图 1.5 给出了前 15 次谐波叠加后形成的图形。谐波次数越多，脉冲的形状就越像方波。图中信号是时域表示的，幅值代表电压或电流，表示的是电压或电流随时间的变化。这是希望在示波器上看到的显示方式。

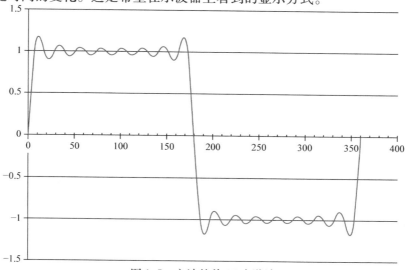

图 1.5　方波的前 15 次谐波

   然而，如果想要看到构成图 1.5 所示方波信号的各个组成成分的幅值大小，那么需要显示电压或电流在各个频率上的幅值。这就涉及频域。频谱分析仪和测量接收机这样的设备能够测量在特定频率上的电压或电流值。因此，当进行扫频时，如电压，得到的是不同频率上的电压幅值。

   图 1.6 给出了前 15 次谐波的幅值，为频域图。如果基波（或称一次谐波）为 100kHz 的，这可能是开关电源产生的，那么谐波将出现在这个基波的整数倍上。因此，三次谐波为 300kHz 的，5 次谐波为 500kHz 的，以此类推。

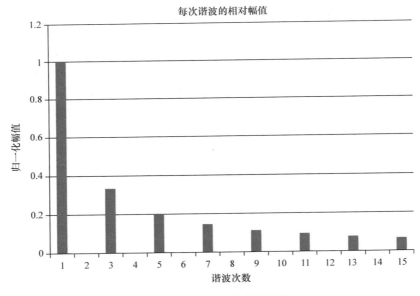

图 1.6　理想方波的谐波幅值

   图 1.7 所示有助于理解时域和频域之间的关系。应指出的是，信号频率的变化与时间之间的关系被认为是调制域，这里不作深入探讨。

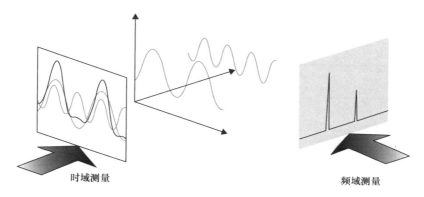

时域测量　　　　　　　　　　　　　频域测量

图 1.7　时域和频域之间的关系

## 1.7　频率、波长和带宽之间的关系

### 1.7.1　频率和波长

大家应熟悉和理解频率的概念。简单地说，频率就是事物的重复率。在电学领域，频率是指电信号振荡的重复率。最初使用每秒钟的周期数进行度量，现在使用的单位为赫兹（Hz）。它是以德国物理学家海因里希·赫兹（Heinrich Hertz）的名字命名的。

波长是指信号在其所处的介质中传播时单个波形的长度，如图1.8 所示。之所以要指出所处的介质是因为不同的信号在不同材料中的传播速度不同。尽管信号的频率不变，但波长会发生变化。在电学领域，标准介质为真空。真空中光（及电波）的速度为299 792 458m/s。在海平面上，此值大约是相同的。本书取其为 300 000 000m/s 或为 $3 \times 10^8$ m/s。

信号的传播速度除以频率即可得到波长 λ。因此，在 100MHz 时，有

$$\lambda = \frac{c}{f} = \frac{3 \times 10^8 \text{m/s}}{1 \times 10^8 \text{Hz}} = 3\text{m} \tag{1.7}$$

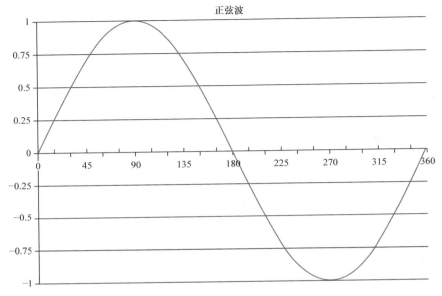

图 1.8　常用的正弦波

这里频率使用的单位为周期/秒（而不是 Hz），是为了表明秒是如何约掉的，最后只剩下米/周期。由于目的是得到波长 λ，即一个周期内波的长度，所以得到的数值单位就可以简单地用 m 表示。

根据上述信息，就可以得到 1/2 波长和 1/4 波长的数值。很显然的是，根据式（1.7），100MHz 时得到的 1/2 波长为 1.5m，1/4 波长为 75cm。然而，我们假设试验时使用的电缆长度为 3m 且屏蔽层在一端进行搭接（一个例子可能就是一条 BNC 同轴电缆接入一个带屏蔽壳体的产品），屏蔽层可能在 1/4 波长产生谐振。谐振频率为全波谐振频率的 1/4，在这种情况中为 25MHz。半波谐振则发生在 50MHz。本书附录 F 进一步详细地解释了谐振的概念。

人们经常犯的错误是把 1/4 波长对应的频率写为

$$\frac{1}{4}\lambda = \frac{c}{f}$$

可以这样来理解：电波传播 1/4 波长所用的时间应为其传播全波

长所用时间的 1/4。实际的波长（全波长）是 1/4 波长的 4 倍。也可以这样考虑，全波长是由 4 个 1/4 组成的，如图 1.9 所示。

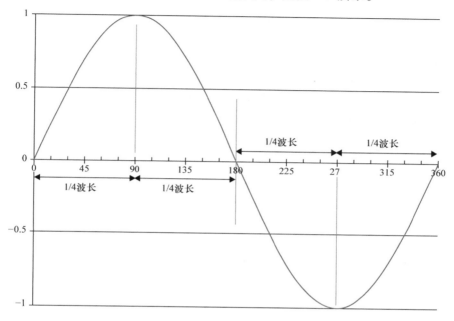

图 1.9　正弦波的 4 个 1/4 波长

对于给定的频率，首先计算全波长是很有用的。一旦确定了全波长，那么也就很容易地得到 1/4 波长。

## 1.7.2　带宽

带宽的概念在 EMI 测量中易于混淆。通常情况下，带宽是指一个频率范围，在此频率范围内设备进行工作、运行或读取数值。本书将会提及频谱分析仪和天线的带宽、分辨率带宽、视频带宽、滤波器带宽、宽带带宽、窄带带宽等。对于仪器（频谱分析仪、天线及其他设备）来说，术语带宽确定的是设备的有用频率范围。然而，对于上述列出的其他带宽术语，这样的定义并不完全的正确。下面就来说说关于带宽的一些概念。

### 1.7.3 分辨率带宽和视频带宽

使用 EMI 接收机和频谱分析仪进行测量时会用到分辨率带宽（Resolution Bandwidth，RBW）和视频带宽（Vide Bandwidth，VBW）的概念。RBW 为测量窗口的大小（预检波带宽）。该带宽越宽，在此带宽内捕获的能量也就越大，因此读数也就越大。VBW 为一个后级检波滤波器，用于把更高频率的分量进行平均或滤掉。有关测量仪器更详细的讨论见本书第 3 章。

### 1.7.4 滤波器带宽

从广义上来讲，滤波器带宽为滤波器设计时要求工作的频率范围。然而，此概念也可用于单个元件。例如，对于电容器，当频率增加时其阻抗将减小。然而，大家也将了解到，电容器的引线和相关印制线都是感性的，在高频时这些感性元件的阻抗都要比电容器的阻抗大。因此，一个电容器可能具有一个有效的"滤波器"带宽。

### 1.7.5 宽带和窄带

宽带和窄带在 EMI 中各有所用。在老的军用和航空航天标准中，最常见的要求是与发射测量的类型有关的。在这些情况中，窄带读数是尽力获取单频点的信号或窄频段的信号，如 AM/FM 广播、飞机通信或其他双向无线电发射。与此相反，宽带读数是尽力捕获脉冲能量源或频率分布宽的能量源。常见的宽带噪声源有，整流器（在很宽的频率范围内具有多次谐波的连续能量源）、开关电源、静电放电和机械开关（一种断续源）。要关注宽带噪声，是因为其会降低接收机前端的灵敏度。宽带噪声的测量通常都归一化为 1MHz 的 RBW。

宽带分布取决于信号的频率。对于一个带宽为 100kHz 的信号，当其位于 1MHz 时，则认为其为宽带信号；但当其位于 1GHz 时，则认为其为窄带信号。通常情况下，窄带的定义是信号的所有能量都位于频谱分析仪或 EMI 接收机的 RBW 内。宽带信号所含能量的频率范围则要宽于 RBW。

## 1.8　高频下的电阻器、电容器和电感器

　　既然工程师已很好地理解了无源元件大多数的基本原理，那么仅考虑与 EMI 有关的问题及在高频时如何使用这些元件。这里，要考虑的问题是基本电元件的寄生元件，如器件的引线电感和并联电容。由于这些基本元件在越来越高的频率下使用，因此电阻、电容和电感的相关寄生元件会严重地影响它们的基本值。例如，所用的对有噪声的集成电路进行去耦的旁路电容，在几百 MHz 的情况下实际上可能会起到电感的作用。实际工作中，需要考虑的重要方面是元件的总阻抗，因此这是下面想要讲述的内容。应强调的是，与具有引线的元件相比，表面组装元件具有相当小的寄生参数值。然而，当在几百 MHz 下评估元件的性能时，表面组装元件的连接线（电路印制线的长度）也被认为是总寄生参数值的一部分。当选定分立元件时，重要的概念是如何在需要的频率范围内选择和应用它们。

### 1.8.1　电阻器

　　为了大多数的需要，电阻器被建模为纯阻性的元件。然而，在较高频率时，电阻器不再是预想的那样。这是因为它们存在寄生的并联（或分流）电容，随着频率的增加，这会减小它们的电阻值（实际上为阻抗值），如图 1.10 所示。因此，当涉及电阻器或任何无源元件，若考虑它们的阻抗时，其不仅是电阻器。

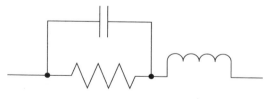

图 1.10　电阻器的等效电路

　　由于元件具有容性寄生参数（通常在元件的焊盘和金属顶盖之间

及电阻器的内部都有小到几个 pF 的电容量），因此，这种量级的电容量和串联的引线电感量在高频时将变得非常重要。

如图 1.11 所示，随着频率的增加，寄生电容和寄生电感开始起主要作用。使用具有引线的元件时，这种现象将是非常显著的；然而，当使用表面组装元件时，这些效应甚至会改变电阻器的特征阻抗。通常情况下，并联电容先起主要作用。然后在某一频点，电容与引线的电感形成串联谐振，电阻器的阻抗将减小到最小值。随后，当在足够高的频率时，串联电感为电阻器的主要分量，从而增加电路中的阻抗。对于绕线电阻器，其电感值非常大，在较低的频率就会表现出来。例如，对于引线非常短的 $1k\Omega$ 的碳质电阻器，在 200MHz 时阻抗的测量值大约为 $500\Omega$（容性）。

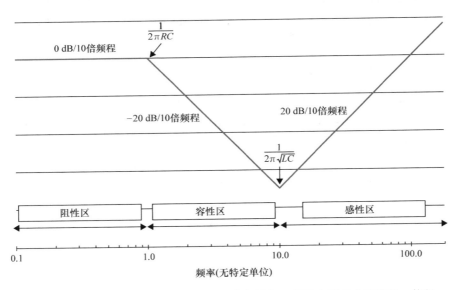

图 1.11 电阻器的非理想阻抗（随着频率的增加，并联电容起主要作用，使得电阻在串联谐振频率以下为电容器；然后引线电感起主要作用，电阻器成为电感器）

## 1.8.2　电容器

电容器是 EMI 设计中最有用的元件之一。电容器通常都很便宜、尺寸小、重量轻，作为滤波元件是非常有效的。然而，在高频时，不同技术的电容器将会产生不同的结果。

首先，考虑电容器的等效电路，如图 1.12 所示。并联电阻表示介质材料的漏电阻，其值通常非常大，因此可以忽略。串联电感表示电容器的引线及元件内部的走线和布线的电感。显而易见，既然具有电感，则也就存在与之相关的串联电阻。

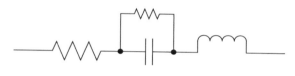

图 1.12　电容器的等效电路

电容器的制造有着不同的技术。电解电容器，不管是铝电解的，还是钽电解的，都是大电容器，对体电荷的存储及纹波电压的滤波都非常的有用。然而，由于等效（有效）串联电感（Equivalent Series Inductance，ESL）及等效（有效）串联电阻（Equivalent Series Resistance，ESR）的显著影响，这限制了它们的有用频率范围。对于铝电解电容器，频率范围上限大约为 10kHz；对于钽电解电容器，频率范围上限大约为 100kHz。

和利用电解质技术的电容器相比，纸介质的箔金属电容器、有机薄膜电容器及类似形式的电容器的性能要好一些。它们有着较小的 ESL 和 ESR，因此使用的频率范围较宽。聚苯乙烯介质的电容器在这些电容器中是最佳的，其使用的频率范围最宽。

对于高频的应用，陶瓷介质的电容器是最佳的商用电容器之一。它们有着最小的 ESR。较小的表面组装的（COG 或 NPO）陶瓷介质的电容器也具有非常小的 ESL。它们中的大多数可用到 1GHz 或更高的应用中。当选择电容器用于 EMI 控制时，陶瓷介质的电容器应是首选。

对于表面组装电容器，ESL 值的典型范围为 1 ~ 2nH。图 1.13 给出了电容器非理想的阻抗与频率之间的关系曲线。封装越小，ESL 值越小。

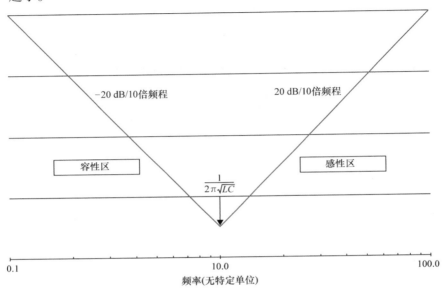

图 1.13 电容器的非理想阻抗（随着频率的增加，在谐振频率以下，实际的电容起主要作用；然后引线电感起主要作用，电容器成为电感器）

### 1.8.3 电感器

尽管电感器是很常用且必需的元件，但它们通常尺寸大、重量重，单独使用时通常仅略微有效。这是因为在有用频率范围内它们具有较小的阻抗值。此外，由于串联电感器中铁心使用的磁性材料很容易因为直流而饱和，因此，这也限制了它们的电感量。

典型的电感器等效电路，如图 1.14 所示，并联电容表示匝间的绕组电容与表面组装封装的端板电容的并联，串联电阻表示所用导线的 ESR（或直流电阻）。引线的电感通常远小于电感器自身的电感，因此它可能被简化为集总电感器（如果引线的实际电感较大时，则不能被忽略）。

图 1.14 电感器的等效电路

频率足够低时，电感器的电感值近乎为零，元件的阻抗将简化为导线的直流电阻。随着频率的增加，电感会很快地起主要作用，然后在并联谐振点，阻抗变成容性且开始减小。图 1.15 给出了电感器的阻抗与频率之间的典型曲线。

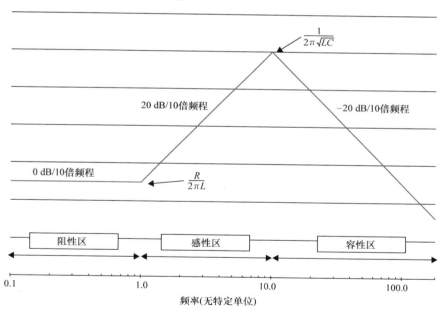

图 1.15 电感器的非理想阻抗（随着频率增加到 kHz 以后，阻抗将不再是纯阻性，在并联谐振频率以下，电感起主要作用。随着频率进一步增加，并联电容起主要作用，电感器成为电容器）

因此就能明白，对于高频情况，需要考虑封装和电路布线中的寄生电阻、寄生电容和寄生电感，以理解实际元件的阻抗在实际工作中究竟具有什么样的特性。在为产品设计滤波电路时，这是非常重要的。

电感器设计采用导线线圈，通常将其绕制在磁介质（铁心）上。可以说，电感器的铁心是科学和艺术的结合体。电感器铁心的材料为铁、铁粉或成分变化很大的新奇铁氧体材料（含有镍、锰、锌、钼、镁、硅和其他材料）。

电感器具有两个常见问题。

第一个问题是铁心的形状通常是非理想的。当使用杆状或其他开口铁心时，并不能控制电感器产生的磁通。这种不可控的磁场会耦合给其他元件或电路。在大多数情况下，被耦合的电路为输入连接器，由于加装了滤波器，这个重要的区域预期应是无噪声的。这种现象称为磁交叉耦合，在许多电路中，这是一个非常严重的问题。当然，最不可控的电感器之一就是空心电感。

为了控制这种耦合现象，磁场必须被捕获和控制。使用 E 形铁心、罐形铁心和其他闭环的电感器能够控制磁场且将其导向所期望的区域。然而，这些铁心必会包含一个间隙，在这个间隙中必须加入一半或部分材料。用于控制磁场的铁心最终设计为环形。

第二个问题是用于电感器铁心的材料类型。术语磁导率用于定义磁场能够在材料中传播的容易程度的。磁导率越大，铁心上每一个给定匝或绕组的电感值就越大。总体来说，材料的磁导率越大，频率越低时材料越可能有用。经常会发现，当材料使用在其有用频率范围之外时，应具有非常高阻抗的电感器将起不到想要的作用。

与磁导率相关的另外一个问题是它能承载多大的磁场强度。这基于铁心上的绕组数和每一个绕组中能承受的电流值。因此，较高磁导率的铁心通常会限制通过它们的饱和电流。

为了避免饱和，高磁导率的铁心通常绕成共模电感器。共模电感器是其绕制时所有的载流导线（如相线和中线、直流电源的正和负极）以相同的方向通过铁心。这样做的结果是由于电流吸收，通过电感器的总电流相抵消。然而，由于铁心的高磁导率，因此以共模方式产生的任何电流都将遇到高阻抗。图 1.16 给出了共模电感器（或共模扼流圈）的示意图。

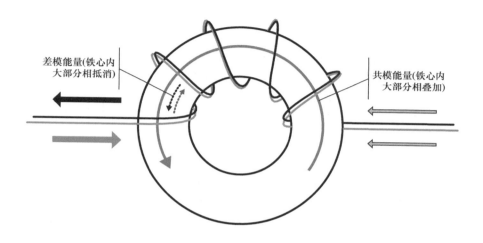

图 1.16　共模电感器（或共模扼流圈）的配置

应强调的是，导线和印制线都是感性的。导线的总电感取决于其相对于返回路径的布局。因此，导线与其回路之间形成的环路越大，自感越大。为了例证这个概念，使用阻抗分析仪测量了 4in<sup></sup>（约10cm）导线的阻抗，如图 1.17 所示。测量结果表明自感大约为 62nH（从而也可得到 2.58MHz 时的阻抗为 1Ω）。这近似对应 15nH/in 或6nH/cm。

应指出的是，电感测量包括了导线长度加上测量仪器的电路。一条裸线除非在其安装的电路中形成完整的电流路径，否则其是没有自感的。

---

　⊖　in：英寸，1in≈2.54cm。

参考电平:
60 dB@10 dB/div
0°@ 45°/div

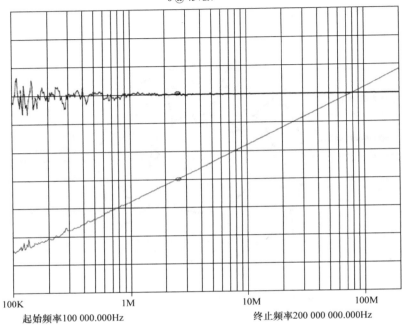

起始频率100 000.000Hz　　　　　　终止频率200 000 000.000Hz

图 1.17　4in（约10cm）长导线的阻抗曲线

# 第2章 电磁干扰和电磁兼容

## 2.1 能量是如何移动的

EMI 要求三个要素：①能量源；②接收器、受扰电路或系统；③能量从一个地方传播到另一个地方的某些耦合路径。如果没有能量源，则就不会发生 EMI。同样的，如果没有耦合路径，那么也不会发生 EMI。如图 2.1 所示，能量从一个地方传播到另一个地方的主要耦合模式有 4 种：感性耦合、容性耦合、辐射耦合和传导耦合。

感性耦合要求具有时变的电流源和两个"环路"或两条平行导线（具有返回路径），主要是磁耦合。这种耦合的例子包括，开关电源中的电源变压器（具有大的 $di/dt$）与附近电缆的耦合，或者一条"有噪"电缆在另一条电缆的附近走线。容性耦合则要求时变的电压源和两块紧耦合的金属"板"；这种金属板也可以是两条平行导线。这种情况的一个例子是开关电源（具有大的 $dV/dt$）的大散热片，其与电缆或附近的印制电路板（Print Circuit Board，PCB）发生耦合。

这两种耦合机理被称为近场耦合。应重点指出的是，对于近场耦合，如果耦合结构之间增加一段小的距离，耦合效应将会显著地减小。把两个环路或平面隔开，是一种很好的干扰故障排除技术。例如，如果怀疑电源变压器可能会与某个敏感电路相耦合，则应尽力延长变压器的引线使得变压器和可疑受扰电路之间存在一定的距离。通过改变铁心和绕组的方位，如果观察到耦合发生大的变化，则就可确认其为近场耦合。这些类型的耦合通常出现在产品内部。

辐射耦合要求两副天线，如发射电路或导线与接收电路或导线。天线可以是大的结构，在这种结构中，干扰源被耦合给金属外壳、设备或电缆。天线也可以是作为干扰源的发射机，如图 2.1 所示。接收器（如图2.1所示的接收设备）可能为广播或电视接收机或其他受扰设备。在EMI试验中，另外一副天线将会是实验室所用的EMI天线和接收机系统。天线的常见结构可能包括I/O电缆、内部电缆和屏蔽壳体上的开口、槽或缝隙。如果这些结构（电缆或缝隙）的耦合频率接近谐振频率（通常对应于半波长的谐振频率），则这种情况更符合形成天线的条件。这种类型的耦合往往位于产品外部。

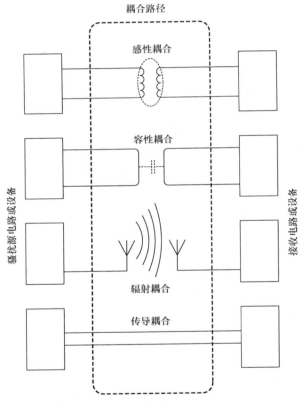

图2.1 能量是如何耦合和移动的

传导耦合要求干扰源与接收器之间具有两条连接导线，且这种耦合通常与导线的长度无关。干扰源与受扰电路之间也同时存在共阻抗（导线或外壳结构）。在大多数情况下，这种耦合为低频效应（小于

50kHz），通常称为地环路。在音频或声音系统中通常存在这种问题。当两个或多个分系统通过相同的电源供电时经常也会出现这种问题。一种好的故障排除技术是为每个分系统单独供电，然后看是否解决了耦合问题。这种类型的耦合位于设备的内部或外部。

## 2.2　近场和远场

由于电磁能量源为时变的电压源或电流源，因此，当非常接近这些电源时主要的场分量为电场（E）或磁场（H）。通常，导线或印制线都被认为是主要的磁场源，而高压产生的主场分量为电场。考虑这种问题的另外一种方式，即电流环路是主要的磁场源，而金属表面（如散热片）是主要的电场源。电路印制线产生的是电场还是磁场，取决于其与环路更相关还是与金属表面更相关。这些源可使用近场探头确定，近场探头设计用来测量主要磁场或主要电场。

如图 2.2 所示，高阻抗电路（经常与高压相关）通常会产生高电平的电场，而低阻抗电路（经常与大电流环路相关）往往会产生高电平的磁场。当探头（或接收天线）远离电磁能量源超过大约 1/6 波长时，电场和磁场的阻抗趋于自由空间的波阻抗（大约为 377Ω），电磁场将成为平面波。由于所有天线都能对电场和磁场产生响应，因此通常都使用天线测量电场或磁场。但当评估产品产生的辐射发射时，测量天线主要测量一定距离（通常为 3m 或 10m）处的电场。

对于小环天线结构（如短的电缆或电路印制线），其与能量的波长相比是短的，通常为弱的辐射体，它们发射的能量随着距离的三次方（$1/r^3$）快速地进行衰减。因此，磁场源与接收电路或导线通常必须非常地接近且位于近场范围内。这就是前面中讲述的磁场耦合。

导线和金属面板或金属板为高阻抗的电场源。它们发射的能量，不像磁场衰减得那样快，而是随着距离的二次方（$1/r^2$）进行衰减。它们可以与其他高阻抗电路、导线或金属板实现最佳耦合。这些金属结构之间必须非常接近且位于近场范围内。这就是前面章节中讲述的容性电场耦合。

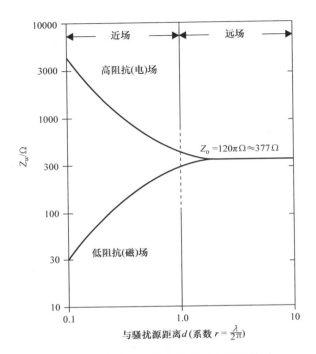

图 2.2 近场和远场及与波阻抗之间的关系

  图 2.2 给出了一个示例,其为确定近场和远场的几种模型之一。这些模型和过渡区取决于多种因素,包括发射结构和接收结构的物理尺寸、增益、源阻抗和负载阻抗。当 1/6 波长仍位于过渡区内时,通常认为 $3\lambda$ 的距离可确保为远场,$\lambda/16$ 则确保为近场[1,2]。

  应指出的是,在远场中,电场和磁场引起噪声问题的潜在概率是相等的。要确定的是哪种场在实际中影响最显著? 敏感电路是什么? 敏感电路具有更大的暴露环路面积,是会对磁场敏感,还是会对电场敏感?

## 2.3 故障排除原理

  有许多手段可对 EMI 问题进行故障排除。业内知名的从事 EMC

咨询的 Henry Ott 通常认为 EMC 的故障排除过程由以下四个基本步骤组成（http：//hottconsultants. wordpress. com/category/troubleshooting/）：

**1. 分离和攻克**

这里的目的是尝试去掉元件、分系统或相关设备，以确认它们是否对 EMI 问题产生了影响。例如，如果问题是辐射发射，应尝试移走受试设备（Equipment Under Test，EUT）的辅助设备以确认问题是出自辅助设备还是 EUT。由于电缆通常为辐射源，因此另一种好的试验方法是移走所有不必要的电缆。如果 EUT 仍还超过发射限值，那么出问题的可能是屏蔽壳体或 PCB，应首先解决它们。

**2. 主效应**

特定频率的谐波发射通常是由多个源或辐射结构产生，这些源或辐射结构中的一个可能是主要的，要比其他源或辐射结构的发射要强。当使用一种或多种可能的解决办法，定位到主要的发射源时才可能看到发射的减小。通常最佳的做法是，使用所有潜在的解决办法使 EUT 合格。然后再开始逐一地去掉所使用的解决办法，最后找出到底是哪些方法帮助解决了问题。

**3. "打死它" 策略**

这里使用的方式不考虑成本和复杂性，先使用一切办法使产品合格。然后再回过头来进行简化，以确定成本最低的解决办法。很多时候，由于有些潜在的 EMI 解决办法成本过高或过于复杂，所以并没有去尝试使用这些办法。首先"打死它（即让产品通过符合性试验）"，然后再降低成本。

**4. 使用 EMC 解决办法**

当涉及的工作频率为几十 MHz 或几百 MHz 时，不能轻率地采用解决办法。例如，如果确定在某个位置使用电容器可解决问题，但焊接的电容器具有较长（2～3in）引线，这长引线的电感属性将会影响电容器的性能，尤其是在较高的频率下。在较高频率下，应尽可能地使用引线长度最短的元件或 SMT 元件。另外一个好的例子是屏蔽电缆和外壳之间做好射频搭接。电缆屏蔽层或电路板和外壳之间连接的短导线（也称为软编织线）在所考虑的谐波频率时很可能不具有足够低的阻抗。为了使搭接更为有效，需要进行多次连接；或者可能的话，使用短（如0.25in）宽的金属条（或多条导线）进行搭接。

解决EMI问题的重要技巧，是能够识别提供能量的源和潜在的耦合路径，以及理解（表征）接收器和接收电路。图2.3给出了不同骚扰源和接收器的例子。应指出的是，对于发射和抗扰度，四种耦合路径同样有效。对于辐射发射，接收器通常为EMC试验设施中使用的EMI接收机或频谱分析仪。产品或系统产生的发射通常具有规定的限值。根据产品或系统及预期的使用环境，这些限值可能非常低或高。在实际环境中，接收器可能是任何通信系统或其他设备。

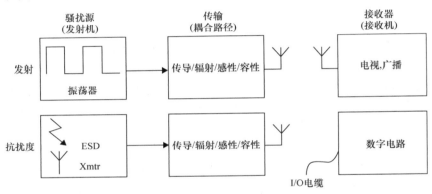

图2.3  用于EMI问题故障排除的骚扰源 – 耦合路径 – 接收
器模型（相同的耦合路径可用于发射模型或抗扰度模型）

对于抗扰度问题，能量源可能为ESD、附近的两路射频发射机或电源线浪涌或瞬态（由雷击或电源线上的大负载产生）；也可能为产生噪声的设备，如电源线上连接的电机或滤波不好的开关电源。

对于发射问题，干扰源的识别通常最容易。我们可以使用近场探头（磁场或电场）确定最大能量电平。常见的内部干扰源有时钟振荡器、大功率缓冲器、模 – 数（A – D）或数 – 模（D – A）转换器、专用集成电路（Application Specific Integrated Circuit，ASIC）、电源变压器、开关器件或任何具有快速上升沿的高频数字信号（如低速存储器或地址总线）。另外，也可以尝试在单个电源和 I/O 信号电缆上使用射频电流探头确定发射源，如使用美国 Fischer 公司的 F-33-1 电流探头（或等同的）。对于 200MHz 左右以下的多数辐射发射问题，电缆产生的辐射发射问题要比设备外壳或内部电路直接产生的多。

对于抗扰度问题，能量源在外部，因此这些源包括射频发射、ESD 及不同的电源线瞬态和浪涌。对 ESD 或电源线瞬态进行监测，可将这些现象与出现的问题相联系并进行识别。这些抗扰度问题的故障排除将在后面进行详细讨论。

一旦识别出了潜在的骚扰源，下一步是识别潜在的耦合路径。这种识别有点小技巧。一旦已知了骚扰源，可用下面这些方式识别耦合路径。

● 传导耦合：通常情况下，如果路径为传导耦合路径，将处理的是导线或电缆束上的时变（交流或射频）电流，这些电流可能没进行足够的滤波（或去耦）。这种电流必须先传输到远端的位置或负载，然后通过另外一条导线或电缆束返回到骚扰源。另外一种常见的情况是噪声源和受扰电路之间具有公共的返回路径。干扰电流与环路的长度无关，因此，如果尽力把骚扰源和接收器（或受扰电路）从物理上相隔开，干扰问题仍会存在，那么这种问题通常就是传导耦合。然而，辐射耦合也仍是有可能的。

● 感性或容性耦合：如果耦合是感性或容性的，增加干扰源和接收器之间的物理距离可显著地减小干扰或对电路的影响。例如，干扰源为电源变压器，应尝试着把变压器连接在延长的导线上，使得其位于不同的方向或距离上。如果干扰源为开关电源的散热片，暂时把散热片移走然后看是否解决了问题（如果移走散热片电源工作起来不安全，那就尽力使用附加的非导电但导热的垫子或隔离物以减小电容）。散热片也会与附近的电缆产生容性耦合。当监测干扰时应尝试移动电缆。感性耦合通常出现在电缆和 PCB 之间或两条电缆之间。此外，使用隔离手段通常也能验证耦合机理是否为感性的。

● 对于辐射发射试验，辐射耦合主要是由 EUT 电缆或壳体上的缝隙产生的发射通过空间耦合（传播）给 EMI 接收天线。增加 EUT

和 EMI 天线之间的物理间隔通常并不能使谐波的幅值产生非常大的变化。

后面将非常详细地讨论如何对特定问题和产品或系统进行故障排除。

## 2.4　基本故障排除概念

由于篇幅限制，这里仅给出这些基本故障排除概念。更详细的信息见本章参考文献［3］。

### 2.4.1　接地/搭接

在故障排除领域内，接地（grounding）实际上是指产品内电路或组件的返回路径。在日常工作中，接地经常指的是信号或电源的返回路径，而不是地或地平面。然而，术语"地（ground）"本身就很容易误导人。尤其对于 EMI 分析，接地也指用于把产品与大地相连接的安全绿导线地。另外一点，搭接指的是两块导电材料（通常为金属片或电缆的屏蔽层）之间低阻抗的连接，多次搭接或连接的点之间应具有较低的直流阻抗（如小于 $10m\Omega$，尽管许多标准要求小于 $2.5m\Omega$ 或更小）。好的搭接可为电流的流动（包括高频电流）确保实体路径。关键的问题是电流必须能够无阻挡地流回到能量源。在实际中并不存在这种具有魔法的孔或地上的某点，即噪声电流大量流入或消失在这些地方。

既然术语"地"在工程设计中通常被误用，本书将不再使用。然而，由于觉得"信号或电源返回路径或参考"更能准确地表达正确的 EMI 设计概念，因此本书将使用这些术语。

### 2.4.2　壳体上的间隙

壳体上的间隙，当长度大于大约 1/10 波长（该波长为产品产生的许多谐波频率中的任何一个所对应的）时，其开始作为有效的辐射天线。由于天线既能接收又能发射，因此这些间隙也能使外部的射频或脉冲能量进入到产品内部，从而引起电路的扰乱。此外，任何组件，如 LCD，也必须在多点进行搭接（见图 2.4）。当尽力评估屏蔽壳体搭接的完整性时，黏性铜带或铝箔都是很有用的故障排除工具。

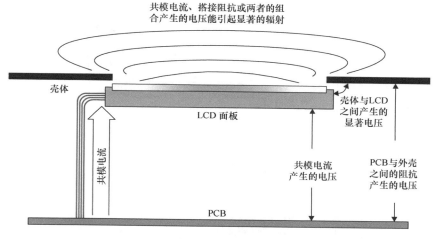

共模电流、搭接阻抗或两者的组合产生的电压能引起显著的辐射

壳体

壳体与LCD之间产生的显著电压

LCD 面板

共模电流

共模电流产生的电压

PCB与外壳之间的阻抗产生的电压

PCB

图 2.4　组件（如 LCD）搭接到屏蔽壳体对于减小发射很重要

## 2.4.3　电缆搭接

任何 I/O 或电源连接器的导电外壳都应与产品的屏蔽壳体进行很好的搭接，这也是非常重要的。由于完整的圆形（如 360°）搭接有助于阻止电缆的辐射，因此这种搭接是最佳的（见图 2.5 和图 2.6）。

## 2.4.4　屏蔽

金属屏蔽体可作为高频场的屏障。大多数产品都有完全包围电路的金属壳体或金属镀层的塑料壳体。基于上述原因，确保产品壳体的所有部分很好地搭接在一起则是非常重要的。当需要将电缆穿过产品壳体时就需要一定的技巧。除非电缆连接器搭接到壳体，否则共模（噪声）电流将会沿着电缆导线或电缆屏蔽层的外层泄漏。这里的重点是搭接。这必须是非常低阻抗（10mΩ 或更小）的连接，理想情况

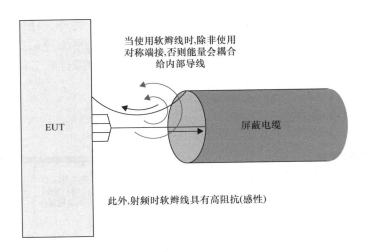

当使用软辫线时,除非使用
对称端接,否则能量会耦合
给内部导线

EUT

屏蔽电缆

此外,射频时软辫线具有高阻抗(感性)

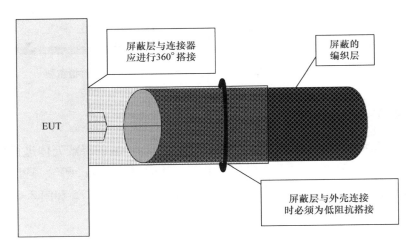

屏蔽层与连接器
应进行360°搭接

屏蔽的
编织层

EUT

屏蔽层与外壳连接
时必须为低阻抗搭接

图 2.5  电缆 360°搭接前后对比(电缆屏蔽层使用软辫线作为地线端接到壳体,
所产生的磁场会耦合给信号线(上图)。这是电缆产生共模噪声从而产生辐射
发射的主要原因之一;下图给出了电缆屏蔽层与屏蔽壳体之间正确的 360°搭接。
这种搭接不会产生磁场耦合从而减小了辐射发射)

下应与产品壳体进行 360°搭接(也就是连接器的所有面都应与产品壳
体进行搭接)。这意味着涂层(如油漆、镀层等)都将会阻碍好的搭

图 2.6　USB 连接器与屏蔽壳体搭接不好的例子（理想情况下，应使用多个搭接点。这些连接器安装在 PCB 上，简单地穿过壳体上的开口。通常，需要安装压缩式的 EMI 衬垫或垫片进行专门的分布式搭接接触，以确保连接器外壳和屏蔽壳体之间充分的搭接）

接。连接器的一面搭接到机壳要比高阻抗的 360° 连接（差的搭接）更好。

## 2.4.5　滤波

在设计得很好的产品中通常都会使用滤波器。安装它们的目的是阻止高频电流（其会产生辐射发射）的流动或阻止脉冲能量（如 ESD、电源线瞬态）或射频进入电路。壳体设计为非屏蔽的产品必须依靠滤波和好的 PCB 设计、以符合 EMI 要求。例如，通常使用下述方式：

- 开关电源的输入和输出都需要进行滤波以平滑直流输出以及阻止开关噪声电流通过电源的输入导线进行发射。
- 微控制器集成电路（IC）的复位引脚通常安装 RC 滤波器。
- I/O 数据线和电源线使用 RC 滤波器或共模扼流圈。
- I/O 电缆上所夹的铁氧体可作为高频扼流圈。

应记住的是，滤波器的作用是建立高阻抗以阻止电缆上流动的射频电流或为电流返回到本地能量源提供低阻抗的路径。通常如果能实现这两个目的则是最佳的。滤波器设计的详细信息见本书附录 E。

## 2.5　电缆布线和互连电缆

通常情况下，由于①产品的外壳为非屏蔽的且电路和 PCB 设计得不好或者②电缆连接器穿过屏蔽壳体时搭接的不正确（见图 2.7），使得在 EMI 发射中电缆很可能是首要的发射源。

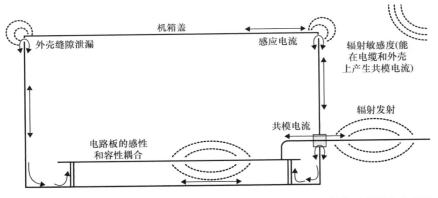

图 2.7　穿过屏蔽壳体的电缆会使屏蔽无效，高频共模电流在屏蔽体的外层产生辐射［壳体上的间隙或缝隙也会作为辐射天线（发射）或接收天线（如对 ESD 敏感）］

互连电缆为产品的特殊设计情况。为了实现最佳的 EMI 性能，在产品设计时应使互连电缆的数量最少。此外，对于每一条信号和电源导线，都应有信号和电源返回导线。对于排线，应考虑在信号导线和电源导线下面增加信号或壳体返回平面，但应确保这种返回平面在电缆的每一端在多个地方应与每个电路的信号返回路径相连接。这样做的目的是使环路面积最小。最后，应确保互连电缆之间或与另外的能量源不会产生耦合（见图 2.8）。如果壳体为金属，那么电缆最好接近金属片进行布线以减小电缆周围的电场。

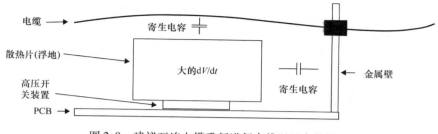

图 2.8 建议互连电缆重新进行布线以远离能量源

## 2.6 PCB 的考虑

设计人员通常都非常注意 PCB 上信号印制线的布线，但经常却没有考虑它们的返回路径。理解和解决 EMI 问题的关键是理解电流的流动。电流以环路的形式流动，尽管许多数字电路设计人员忘了这个重要的事实。他们经常涉及的是电压电平（高逻辑电平和低逻辑电平）——一个门输入给另外一个门等。大多数原理图的检查表明，一半的原理图都忘了地或信号和电源返回系统。忽略了所有的电源和信号返回路径，这些信号的布线都是电路板布线人员和 CAD 程序的一时疏忽。这会导致显著的 EMI 问题。通过理解返回电流是如何返回其电源及如何确保返回路径为低阻抗，可以朝着 EMI 问题的最终解决走下去。

首先，考虑高频电流是怎样流动的。在低频时，返回电流通常沿着电阻最小的路径流动，如图 2.9 所示。在高频时，返回电流通常沿着阻抗最小的路径流动，如图 2.10 所示。出现这种现象的原因是，在较高频率时，当信号（或电源）导线或印制线及与之相关的返回路径（另外一条导线或返回平面）的物理尺寸最小时，其路径的自感最小。由于这种现象，产生的结果是信号或电源导线中的电流和返回电流通常会使流出电流和输入电流之间的物理空间最小。如果迫使返回路径形成了较大的环路面积，这种环路的作用类似环天线，将会产生辐射发射。

当频率大于大约 50kHz 时，返回电流通常在信号印制线下方（或者上方，取决于信号印制电路板的层的结构）的信号返回平面上直接流动。如果迫使返回路径距信号印制线的下面有较长的路径，那么环

图 2.9　1kHz 时的电流流动（在大约 50kHz 以下时，返回电流通常沿着电阻最小
　　　的路径流动，通常为电源和负载电路之间最直接的路径）

图 2.10　1MHz 时的电流流动［在大约 50kHz 以上的频率，返回电流通常在信号印
　　　制线下面直接流动（阻抗最小的路径）。返回电流路径的返回平面上的间隙会使返
　　　回电流远离源电路印制线，从而形成大的辐射环路，这也会导致 PCB 上的共模电流］

路的物理尺寸将变得非常大，通常会产生辐射（作为环天线），也将产生共模电压源。这些电压源会在 PCB 的周围且通常沿着 I/O 电缆或电源电缆产生共模电流，这些电缆然后会像单极天线或偶极子天线一样产生辐射。

　　作为咨询师，作者经常发现客户为其产品设计的 PCB 的信号和电源返回平面上存在被疏忽的间隙。如果读者允许这样的情况，那通常是自找麻烦。图 2.11 给出了电流被强行改变路径及所产生的环绕 PCB 的磁场。

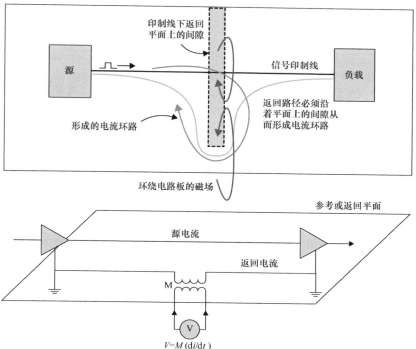

图 2.11　电流被强行改变路径及所产生的环绕 PCB 的磁场［当迫使返回电流远离阻抗最小的优先路径时，会形成环天线（上图）。这就会在整个电路板附近产生磁场，这些磁场与其他印制线产生耦合，从而有效地形成小的电压源，电压源又在电路板附近产生共模电流。这些共模电流然后耦合给 I/O 电缆或电源电缆，它们会辐射基波信号的高频谐波。下图所示为近似的电路模型。返回平面的互感产生小的电压降 $M(\mathrm{d}i/\mathrm{d}t)$，这种电压降会产生共模电流。信号电流环路和附近的另外一个电路环路之间的互感产生电压差，这种电压差可在附近的电路中产生电流］

当进行 PCB 布线时，产生 EMI 的另外一个常见问题是改变参考平面层，没有为返回电流的信号印制线规定闭合的物理路径。例如，如果信号印制线在参考返回平面的顶部开始布线，穿过过孔，继续参考到这个相同的返回平面，这是没有任何问题的，如图 2.12 所示。然而，经常存在这样的情况，一条印制线从板子上的一层（参考到信号返回平面）开始，穿过过孔后到达另外一层（其使用不同的参考平面），如图 2.13 所示。如果这两个参考平面（即信号返回路径）的电位相同，且两层通过过孔多次连接在一起，那么规定的返回路径将具有小的环路面积（希望如此）。

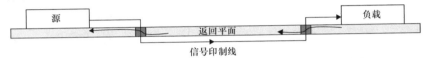

图 2.12　数字信号参考到相同的参考平面（返回电流具有
规定的和物理上小的闭合环路面积，其将产生低的发射）

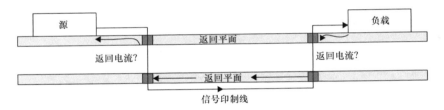

图 2.13　过孔的作用［当数字信号参考到两个不同的平面时，在信号印制线的穿过点，两个层之间应使用一个或多个过孔（如果两个平面的电位相同）。如果两个平面的电位不同（如信号返回平面和电源平面），那么应尽可能使用两个或多个缝合电容在信号的穿过点将这两个平面相连接，优先采用对称的方式］

然而，如果两个参考平面具有不同的电位（如信号返回平面和电源平面），那么返回路径可能会规定的不好，从而形成具有较大环路面积的绕行路线，这将有效地复现上述提到的间隙问题。为了更好地规定信号电流的返回路径，在信号印制线最初穿过第二个参考平面的地方需要放置附加的过孔。

如果电路足够复杂以至于可能有太多的参考平面变化，那么可能性价比更高的是使用附加层（通常推荐至少为 6 ~ 8 层）以增加附加的信号或电源返回层。应指出的是，为了实现最佳的高频噪声抑制，电源/返回"三明治"式的层间距要小（认为 3 ~ 4mil<sup>⊖</sup>是理想的）。（美国克莱姆森大学的 Todd Hubing 给出了大量的有关 PCB 实现最佳信号完整性和低的 EMI 发射的设计指南：http：//www. cvel. clemson. edu/emc/index. html）

通常情况下，电源和电源返回平面之间 3 ~ 4mil 的间距能够提供好的高频旁路，因此，去耦电容要均匀地放置在基板面的周围。然而，如果使用更传统的 10mil 间距，那么去耦电容必须从物理上尽可能近地放置在每一个 IC 的 $V_{CC}$ 引脚。

另外一种常见错误是布线时把数字（或大功率的模拟）信号印制线穿过电路中敏感的模拟电路部分。当定义模拟返回平面时也经常犯这种错误，如图 2. 14 所示。这种错误也会出现在任何孤立平面，如电源平面。

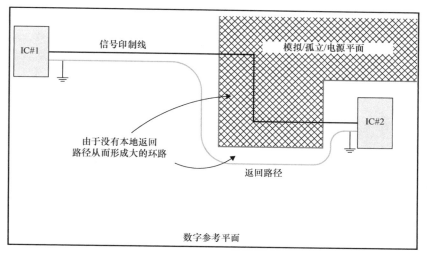

图 2. 14  一种常见的错误是布线时数字印制线穿过无噪的模拟返回平面（数字开关噪声通常会干扰低电平的模拟信号。也应指出的是，当改变参考平面两次，这就迫使返回电流远离阻抗最小的路径，这是产生共模电流的常见原因）

---

⊖  mil：密耳，1mil = 0. 0254mm。

# 参 考 文 献

1. Paul, C. R., *Introduction to Electromagnetic Compatibility*, 2d ed., Wiley, 2006.
2. Paul, C. R., and S. A. Nasar, *Introduction to Electromagnetic Fields*, 2d ed., McGraw-Hill, 1987.
3. Ott, H., *Electromagnetic Compatibility Engineering*, Wiley, 2009.

# 第3章 测量仪器

## 3.1 频谱分析仪

在 EMC 实验室，最常用的仪器是频谱分析仪，如图 3.1 所示。尽管基于快速傅立叶变换（Fast Fourier Transform，FFT）的频谱分析仪得到了日益普遍的使用，但其仍是扫描调谐的超外差式设备。基于 FFT 的频谱分析仪能够捕获单个脉冲，但其使用时通常有很多限制。限制包括测量的有限频率范围、对低电平信号的有限灵敏度及有限的测量动态范围等。近些年，实时频谱分析仪（RTSA）也已面世，它是集超外差式接收机、FFT 处理及快速更新率于一体的产品。

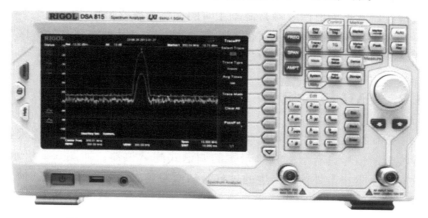

图 3.1 具有可选跟踪发生器端口的典型台式频谱分析仪

超外差式频谱分析仪为非常宽带的测量工具，能够进行非常灵敏的测量，即使对于非常高的信号电平，仍具有很高的准确度。然而，在测量的过程中，必须采取一些措施。首先，即使用频谱分析仪测量非常有限的频率，但它运行时对所有的频率都是开放的。例如，如果频谱分析仪的工作频率范围为 10kHz ~ 6GHz，即使测量的信号频率范围为 30 ~ 100MHz，但它仍会对整个工作频率范围都敏感。当一个电平非常高的信号（如 250MHz）位于测量窗的外部时，此时就会出现问题。如果此 250MHz 的信号电平足够高的话就会使频谱分析仪的前端出现过载，那么在 30 ~ 100MHz 进行测量时得到的测量结果可能会是错误的（测量值可能被压缩，这称为增益压缩）。这种情况也会产生很多的其他失真信号。

由于频谱分析仪为扫描式仪器，因此在扫描的过程中会一直给出读数。如果有一个宽带噪声，且仅是周期出现的，那么测量结果看起来像尖峰信号，但实际上为一个非常宽带的频率信号。将频谱分析仪设置在峰值保持模式，能对宽带尖峰信号进行测量，因此宽带信号更具有代表性。

频谱分析仪为峰值检波仪器。这意味着它能捕获快速信号或瞬态信号，并且能给出瞬态信号的全值电平。其他类型的检波器（如准峰值检波器或平均值检波器）是基于时间进行平滑或平均的。

大多数的频谱分析仪仅有 3dB 分辨率带宽，但有的频谱分析仪可能具有 CISPR 分辨率带宽（200Hz、9kHz、120kHz）。

## 3.2 EMI 接收机

EMI 接收机使用的不是非常宽带的频谱分析仪技术，而是输入给检波器的信号具有窄的频率带宽的调谐式测量仪器，如图 3.2 所示。这有助于阻止带外信号产生的过载，从而避免发生增益压缩和其他失真。当今的 EMI 接收机通常具有 6dB 分辨率带宽，这也是 MIL – STD 461 和 DO – 160 所要求的。然而，有一些 EMI 接收机则不具有 CISPR 带宽或非峰值的检波器（没有扩展的附件）。由于 EMI 接收机更能承受其通带外的大功率广播和双向无线电发射，因此是户外试验的理想设备。

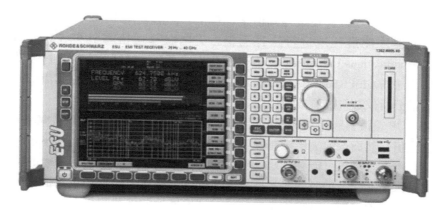

图 3.2　前端使用了预选滤波以避免带外过载的典型 EMI 接收机

## 3.3　检波器

在发射测量的读数过程中，频谱分析仪使用峰值检波电路。这种非常快速的响应电路，能够捕获冲激或间歇信号，并且能够给出全值。当频谱分析仪在非常宽的频率范围内扫描时，快速响应电路使其能非常快速地获得数据。大多数的军用设备和航空航天设备的 EMI 测量及在许多其他 EMC 标准中，都要求使用这种检波器。

然而，在商业试验中，多使用其他两种类型的检波器得到最终的测量值。首先是准峰值（QP）检波器，其以模拟表的测量指针为模型，对干扰信号的重复率产生响应。信号重复率越低，产生的响应电平也就越低。这种典型检波器电路的充电时间正好近似大于 0.1s，放电时间大于 0.5s。因此，它记录的信号测量值通常要大于平均值。与峰值检波器电路相比，这种检波器电路的充电时间和放电时间较大。为了节约时间，对于不要求测量宽频率范围的情况，仅当对可疑信号进行最终测量时才使用 QP 检波器。

EMC 标准要求的第二种检波器为平均值检波器。并不是所有的频谱分析仪都具有为平均值限值规定的线性平均值检波器。因此，通过把频谱分析仪设置在线性幅值坐标模式，然后使用 10Hz 的视频带宽滤波器才能最佳地进行这种测量。美国联邦通信委员会（Federal Communications Commission，FCC）认为这是合适的试验方法，这种试验方法与 CISPR16 – 1 – 1 中规定的试验方法一致。这种试验方法新旧频谱分析仪都应能有效地使用。

QP 检波器和平均值检波器都能给出连续信号（未调制的连续波）的全值。然而，取决于调制深度，幅度调制信号的准峰值会略小于峰值，但其平均值可能会远小于峰值。对于不连续信号，其无信号的时间远大于有信号的时间时，准峰值检波器的测量值将远小于峰值检波器的测量值。对于这种类型的信号，平均值检波器的测量电平将是非常小的。

## 3.4 窄带测量与宽带测量

第 1 章讲述了窄带和宽带之间的差异。现在简单回顾一下，从传统上窄带意味着被测信号（和其所有能量）位于频谱分析仪或 EMI 接收机所选的分辨率带宽内，而宽带通常则意味着被测信号（和其所有能量）不全位于频谱分析仪或 EMI 接收机所选的分辨率带宽内。图 3.3 给出了包括宽带信号和窄带信号的扫描曲线。

频谱分析仪使用两种类型的测量带宽，即分辨率带宽（RBW）和视频带宽（VBW）。RBW 为被测频率的窗口大小。如果是特定的和单一的连续波信号，那么 RBW 的大小将不会影响信号读数。然而，如果信号或噪声的带宽宽且不是单一频率，那么 RBW 变得越宽，频谱分析仪将会测量更多的信号。测量的信号越多，测得的信号电平也就越大。因此，对于频率分布很宽的信号（如宽频谱信号），带宽越大时将会得到较大的读数。

在过去的军用和航空航天试验标准及美国波音公司当前的 EMC 规范中，使用宽带修正因子（Broadband Correction Factor，BBCF）。这种修正因子考虑的是，把所测信号的值归一化到 1MHz 带宽时测量读数的增加：

$$BBCF = -20lg（测量所用带宽/1MHz 带宽）\qquad (3.1)$$

当带宽小于 1MHz 时，修正因子为正值。例如，如果使用 10kHz 的带宽测量电压或电流，那么需要为测得的信号值增加 40dB，这是因为考虑了分辨率带宽仅为 1MHz 的 1/100（或 0.01）：

$$BBCF = -20lg(0.01MHz/1MHz) = +40dB\qquad (3.2)$$

VBW 控制为一种噪声滤波器。为了避免滤掉想要测量的信号，VBW 应至少为分辨率带宽的 3 倍。例如，如果 RBW 带宽为 10kHz，那么 VBW 应设置为 30kHz 或更大。根据 RBW 的数值，大多数频谱分析仪能自动地把 VBW 设置为合适的值。

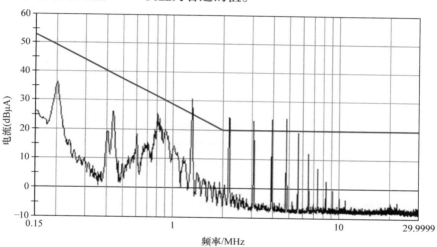

图 3.3　依据 DO‑160 测量的具有宽带谐波（以 800kHz 为中心的宽峰值）
　　　和窄带谐波（1MHz 以上的尖峰）的传导发射频谱曲线示例

VBW 也可用于确定具有断续或周期幅值的信号的平均值。如果需要，可试着使用 10Hz 的 VBW 以测量平均值读数。然而，当使用非常小的频跨时，获得数据的时间可能会非常长。

## 3.5　扫描速度如何影响测量

当频谱分析仪进行扫频时，它是在进行实时测量的。如果正在进行扫描时输入的为能量脉冲，则频谱分析仪将给出脉冲的全值，但频率仅为当时所测量到的。当脉冲消失后，读数返回到较低的电平。这种脉冲的读数结果为显示屏上出现的尖峰信号。这通常会和窄带信号相混淆，尽管它们看起来很相似。如果脉冲等间隔地出现，由于是等间隔的分布，所测量的尖峰信号看起来像谐波。

为了核查这种问题，有两件事情需要考虑。首先，由于产生受试脉冲的设备与频谱分析仪的扫描时间之间缺少同步，因此，每次扫描产生的这些尖峰信号的频率会有细微的差异。这看起来像行进中的人们，他们似乎都要从屏幕中穿过。对于实际上为时钟谐波的信号，将会锁定到特定的频率，不会从屏幕中穿过。

发现这种问题的另外一种方法是改变扫描速度。如果增加扫描速度，时钟及其谐波仍会保持相同的频率和间隔；而对于脉冲源产生的信号，其脉冲之间的距离将增加。如果放慢扫描速度，这些脉冲将会重叠在一起。

如果窄带谐波为通断的脉冲，那么也会出现相似的现象。在这种情况下，慢的扫描速度甚至会完全漏掉这些窄带谐波。将频谱分析仪设置到峰值保持模式可能会测量到这些断续信号。

## 3.6 使用频谱分析仪进行故障排除

通常情况下，会把频谱分析仪和电场探头、磁场探头、钳式电流探头或电压探头配合使用。应注意到，图 3.4 中，当环的平面与被测的电路印制线、导线或电缆相平行时，磁场探头会产生最大耦合。这时穿过环的磁力线最多。

为了故障排除的目的，我们也可以把频谱分析仪和标准示波器探头配合使用。我们要确保的是任何范围的探头或电场探头应通过容性耦合到测量信号线上（或在频谱分析仪的敏感输入端使用容性隔离适配器），因此，在频谱分析仪的敏感输入端则不会引入大的直流电压。大的直流电压很容易损坏预放大器。由于连接到 $50\Omega$ 频谱分析仪输入端的 10:1 探头很可能不是非常的准确，因此我们不能太相信这种绝对的测量。然而，随着故障排除过程的进行，你能测量产品的相对改进。

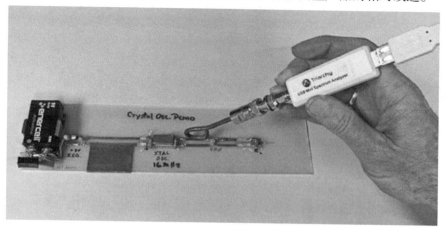

图 3.4　USB 供电的低成本频谱分析仪示例（这种频谱分析仪由加拿大 Triarchy 公司制造，对于整个的 EMI 故障排除，其灵敏度是足够的。型号为 TSA5G35 的 频谱分析仪频率范围为 1MHz ~ 5350MHz，产品的详细信息见 http：//www.triarchytech.com）

## 3.7　示波器

对于 EMC 问题的故障排除，示波器也是非常的有用，但其使用在时域而非频域。例如，示波器可测量瞬态信号，而频谱分析仪测量的则是连续的周期波形。当测量高频时钟信号时，应确保示波器和探头的带宽一定要大于所测量的信号。另外，也应确保探头的信号回线长度最短。由于测量环路产生的自感大，探头使用典型的 4 ~6in 的地导线正好会引起振铃效应。这里建议使用由顶级示波器制造商生产的小的焊接式探头插座（见图 3.5）。一种替换方法是把探头直接焊到电路中或探头使用 1/4in（或更短）的地连接线或信号返回连接线。

示波器可用于识别时钟上的振铃、表征开关电源的噪声（见图 3.6）和检测串扰。在许多情况下，噪声脉冲可能与串扰或其他与时间相关的 EMI 问题在时间上同步。

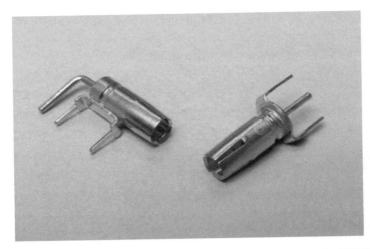

图 3.5　用于高频测量的小型示波器探头插座的示例 [这种插座可以消除长地线
产生的问题（即影响信号测量且产生振铃）。它们通常直接被焊接到受试的
PCB 上。弹簧式的示波器探头的顶端被拿掉后，测量端子直接插入到插座中]

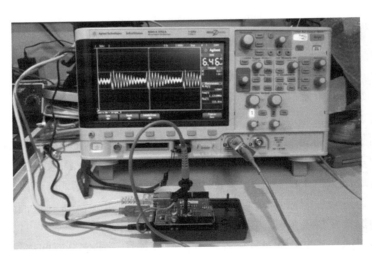

图 3.6　带宽宽的数字式示波器对于传导发射和辐射发射的跟踪非常的有用
（也可以识别时钟印制线和电源印制线上的振铃）

近场探头（磁场或电场）和示波器也可以配合使用。实际上，使用一个通道作为参考，可以使用另外一个通道进行测量以确定已知噪声源和其他信号之间的相关性。

当今的大多数示波器都具有 FFT 的功能，可将时域信号变换为频域信号（见图 3.7）。这对于故障排除具有潜在的帮助，但这种功能的问题之一是缺少动态范围。大多数低成本的示波器仅能捕获 8bit 的数据，因此非常小的信号会被淹没在噪声电平中，可能很难被发现。一些价格较高的型号示波器具有较高的模 – 数转换分辨率和较低的噪声，对于故障排除则非常的有用。

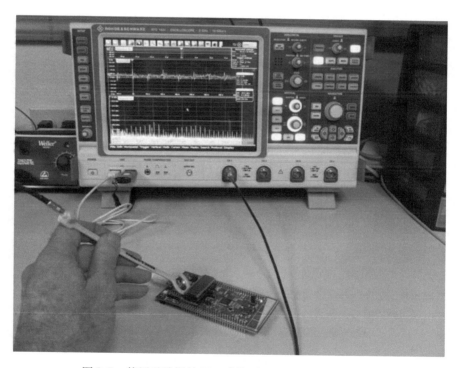

图 3.7　使用示波器的 FFT 功能（显示屏上较低的迹线）
排除嵌入式处理器板上的 EMI

## 3.8    电流探头

电流探头为磁场拾取装置，测量的是探头所钳的导线束或电缆束中的共模射频电流（见图 3.8）。它们通常使用的是宽带铁氧体或类似材料的环形铁心。探头的频率范围和选择性取决于所用的材料类型及绕在铁心上的绕线（作为拾取部件）数量。对于仅测量发射的探头，阻性网络用于控制阻抗及使响应曲线平坦，这种响应曲线称为修正因子、传输阻抗或传感器因子。如果没有这些阻性网络且在铁心上使用能承受大电流的绕组，那么这种电流探头可用作注入探头，通常也称为大电流注入（Bulk Current Injection，BCI）探头。

图 3.8    美国 Fischer 公司制造的型号为 F – 33 – 1 的匹配使用的钳式电流探头组
（虽然没有必要购买，但匹配的电流探头组对于 I/O 电缆发射的高级故障
排除则是非常的有用。它们能测量几 μA 的射频电流）

对于许多试验，这些装置用于传导发射测量。然而，它们作为故障排除工具也是非常有用的。测量某些电缆上的电流能够表明哪条电缆是产生辐射发射的主要干扰源（见图 3.10）。这些线缆上噪声电流的减小通常能够减小受试设备的辐射发射。

【示例】

美国 Fischer 公司<sup>⊖</sup>的 F – 33 – 1 型探头钳住 1m 长的电缆，使用频谱分析仪测量到一些谐波，这些谐波的最大值为 120MHz 时的 37dBμV。

使用图 3.9 所示的传输阻抗曲线可用于计算实际电流。可以看到，120MHz 时的传输阻抗大约为 + 12dBΩ<sup>⊖</sup>。用下式计算电流（单位为 dBμA）：

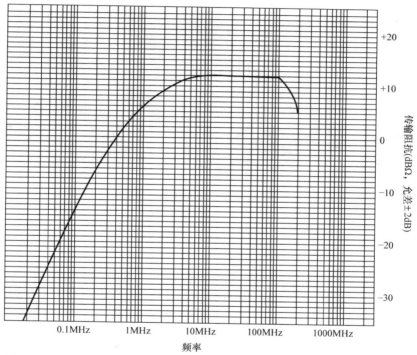

图 3.9　电流探头制造商提供的传输阻抗与频率之间的关系曲线（传输阻抗 $Z_t$ 简单地等于探头同轴端口上的端口电压除以测得的电流，通常单位为 dBΩ。通过读取特定频率的测量电压，根据 F – 33 – 1 探头的传输阻抗曲线，可以计算电流，单位为 A）

---

⊖　生产高质量电流探头的厂商还有很多，本书仅以美国 Fischer 公司的探头为例。

⊖　注意到，根据探头的校准曲线，F – 33 – 1 型探头的传输阻抗的变化范围为 12 ~ 16dBΩ。实际使用时通常应参考所用探头的校准曲线。

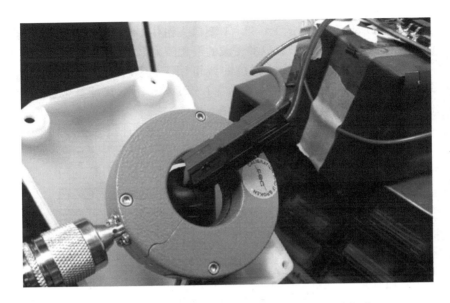

图 3.10　用于测量直流电源电缆上共模电流的电流探头

$$I_{\mathrm{CM}}(\mathrm{dB\mu A}) = V_{\mathrm{Term}}(\mathrm{dB\mu V}) - 12\mathrm{dB\Omega} = 37 - 12 = 25(\mathrm{dB\mu A})$$

$$(3.3)$$

使用对数恒等式，把电流的单位转换为 A（在将电流转换为线性读数之前，把单位为 dBμA 的读数减去 120dB 得到单位为 dBA 的读数），则通过导线的电流为

$$I_{\mathrm{CM}} = 10^{\left(I_{\mathrm{CM}}\frac{\mathrm{dB\mu A} - 120}{20}\right)}\mathrm{A} = 10^{\left(\frac{25-120}{20}\right)}\mathrm{A} = 1.7783 \times 10^{-5}\mathrm{A} \qquad (3.4)$$

把此电流代入到计算电场的方程中，可用于估算辐射发射符合性试验时 3m 或 10m 测量距离的电场。本书第 4 章将讨论电场的计算。

## 3.9　近场探头

近场探头或监测探头为小的电场或磁场拾取装置，用于确定电路或元件产生的发射源，如图 3.11 所示。近场电场探头本质上为短截线天线，有时会在同轴线的末端加载阻性负载（如 50Ω）。近场磁场探头为小环，有时也会端接负载（如 50Ω）。短截线或环的尺寸决定了探头的灵敏度，但也限制了其有效的频率范围及定位骚扰源的能力。

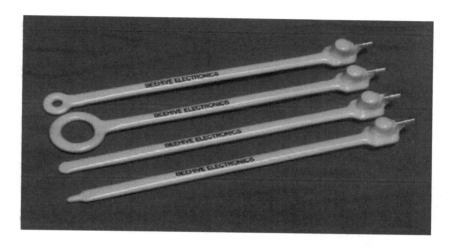

图 3.11　典型的近场探头组（有三种环形磁场探头和一种电场探头）

使用规则的或半刚性的同轴电缆，就能很容易地制作这些近场探头。有关探头制作更详细的信息见本书附录 D。

近场探头有时很有用，有时也非常具有误导性。较大的探头，会更加灵敏，能拾取大功率广播和电视产生的环境信号。确定单个探头对环境信号灵敏度的一种方式是测量 FM 广播频段中的 88 ~ 108MHz。如果电台信号显示在示波器或频谱分析仪上，需要非常仔细地忽略掉这些环境信号。为了做到这一点，需要移动探头以离开受试设备，如果可能的话最好关掉受试设备的电源。如果示波器或频谱分析仪上的信号仍没有消失，那么应认为这个特定频率为环境信号。

当电场探头的放置位置与导线、电缆或电路印制线相平行时，由于这时穿过环平面的磁力线最多，则会实现最佳耦合，如图 3.12 所示。大多数的环形磁场探头对电场是屏蔽的，但屏蔽层和被测电路之间的电容会使寄生电容增加。这种寄生电容能引起高频谐振（取决于探头设计，谐振频率大约为 700 ~ 1000MHz）。如果制作一个非屏蔽环，可以避免这种谐振，但牺牲的是对电场的抑制。

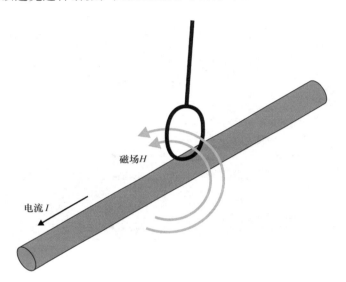

图 3.12　当环形磁场探头的放置位置与被评估的导线、
电缆或电路印制线相平行时能测得最大信号

　　由于大多数的电路印制线为低阻抗的，从而为相对的大电流结构，因此它们会产生较高的磁场。通常使用磁场探头对强发射的信号源、电缆或电路印制线进行定位，如图 3.13 所示。通过使用探头仔细地对电路板和内部电缆进行扫描，可定位高发射的区域。对于辐射发射，本书第 4 章将进行更详细的讨论。另一方面，电场探头对壳体缝隙或间隙泄漏的检测也是非常的有用，在这些地方可能会产生高电平的电场。

图 3.13　使用磁场探头对电路板上的强发射点进行定位
（为了使测量具有较高的分辨率，应使用较小的探头）

## 3.10　天线

天线用于测量产品产生的辐射发射，当进行 EMI 故障排除时，它们也可用于接收数字产品产生的谐波发射。大多数的 EMI 天线设计用来测量电场，但在远场，电场或磁场都不起主导作用。哪种场与接收天线或受扰电路耦合最强，取决于接收天线是否看起来更像环天线或偶极子。实际情况是，偶极子类天线（见图 3.15）通常比环天线使用得更多，这些天线主要是对电场产生响应。

当电磁波传播时，它们由电场和磁场构成。这两种场互相垂直，如图 3.14 所示。波长是两个波峰之间的距离。由于大多数 EMI 天线用来测量电场，根据电场的方向，通常称电磁波为垂直极化或水平极化。为了测量到最大信号，电场天线应与传播的电场方向平行。由于通常并不知道产品产生的电场属于哪种极化，EMI 实验室应根据标准在水平平面和垂直平面进行测量。

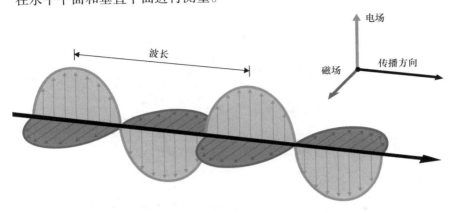

图 3.14    电磁波由互相垂直的电场和磁场构成 [电场为垂直方向。如果使用电场天线（相当典型）且也位于垂直方向，那么这种电磁波将与天线产生最佳耦合（测量到最大信号）。如果电场为水平极化，那么当电场天线处于水平方向时将测量到最大信号]

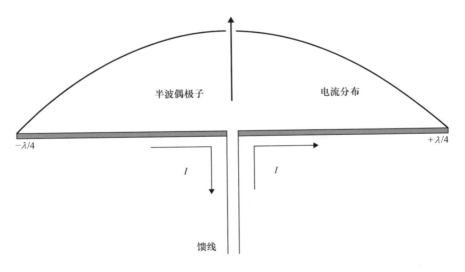

图 3.15    偶极子天线（当频率在半波谐振时天线的横向可实现最佳接收或发射）

大多数 EMI 天线为基于中心馈电的半波偶极子，如图 3.15 所示。如果偶极子的长度调节为半波长，在振子的横向，它将能最有效地进行发射或接收，且是最灵敏的。这也意味着传播波的电场在导线振子的平面内为线性极化的。

通过在偶极子天线的前面渐进地放置一些较短的线性振子就可将其制作为定向（具有增益）天线。这种结构的天线称为 Yagi – Uda（或简称为 Yagi）天线（这种天线由其发明者 Yagi 和 Uda 的名字命名）。

在 EMI 测量中最常用的天线为对数周期天线，除了双臂支撑物的上部和下部之间交替的振子，其与 Yagi 天线相似。这些渐进的较短的交替振子产生了宽带定向效应，对于这种合理的小型天线，其可在一段频带内（通常为 10 倍频程）产生谐振。例如，标准对数周期天线的常用频率范围为 100 ~ 1000MHz。在很多情况下，天线制造商在对数周期天线的后端增加一副双锥偶极子天线，这就可使其谐振频率低至 20MHz 或 30MHz，如图 3.16 所示。这种复合天线设计覆盖的频率范围为 30 ~ 1000MHz。这也是商用产品符合性试验最常见的 EMI 频段之一。

图 3.16  前端具有对数周期振子的双锥偶极子

对于 1GHz 以上的频率范围，天线制造商通常设计的是喇叭天线，如图 3.17 所示。根据其物理尺寸，谐振的频率范围为 1 ~ 18GHz，甚至可到 40GHz。这些喇叭天线也为线性极化的，因此测量需要在水平极化和垂直极化进行。根据产品的最高时钟频率，FCC 的某些试验要求测量到 6GHz。

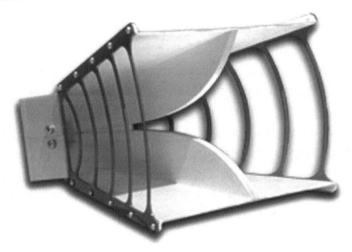

图 3.17　频率范围为 1 ~ 18GHz 的典型微波喇叭天线

　　EMI 天线非常贵，因此这里推荐一些较小、可自制且成本非常低的天线，可利用它们很好地进行故障排除。天线和射频设计专家 Kent Britain 也销售印制在 PCB 上的增益为 6dB 的小型对数周期天线，这种天线可很好地用于整体故障排除⊖。第 4 章辐射发射的故障排除中将详细讲述此天线（也可参见本书附录 D 有关自制故障排除工具的内容）。

　　为了对辐射发射进行故障排除，将使用小型的低成本天线，如在某些无线电商店仍销售的兔耳电视天线或 PCB 对数周期天线，如图 3.18 ~ 图 3.20 所示。

----

⊖　Kent Britain 制作的 PCB 天线的信息详见 http：//www.wa5vjb.com。大多数的价格低于 30 美元。它们的增益大约为 6dB。

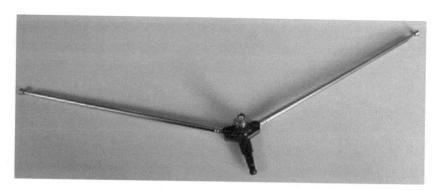

图 3.18 简单的兔耳电视天线可用于测量受试产品产生的辐射发射
（根据振子的扩展长度，其调谐的频率范围为 85~220MHz）

图 3.19 低成本的 PCB 对数周期天线，谐振在 0.4~11GHz 中的某些频段
（详细信息见 http://www.wa5vjb.com）

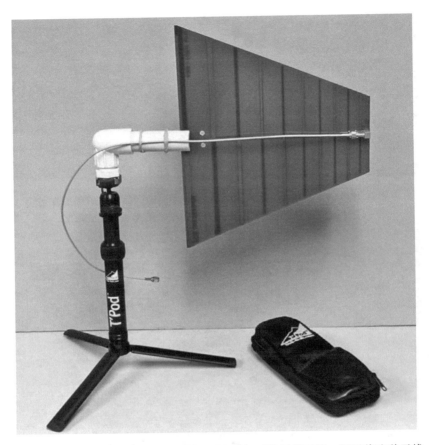

图 3. 20    一种安装在台式相机三脚架上的 PCB 对数周期天线。通过将这种天线
    放置在受试产品的附近，在故障排除的过程中可观察到产品产生的发射

# 第4章 辐射发射

## 4.1 概述

当在试验设施中进行符合性试验时，最大的风险极可能是辐射发射。由于当今的电子产品中都普遍使用了高速数字电路，所以对于时钟频率的谐波及其他具有快速上升沿的器件，都很容易辐射电磁场。通常情况下，试验不合格的原因为电缆辐射或壳体上的缝隙或孔径产生的泄漏。

下述检查清单非常有用，可作为产品符合性试验之前进行的预试验的检查或产品符合性试验不合格后的检查。

## 4.2 辐射发射检查清单

辐射发射由频率很高的能量产生，而这种能量可由非常小的电流或电压形成。寄生能量和交叉耦合噪声是常见的问题。任何金属物体都会成为天线，尤其是电缆。因此考虑以下方面：

- 200MHz 以下的辐射能量很可能是电缆为辐射源的。在较低频率时，由于波长较长，因此导线或电缆能成为很好的天线。
- 200MHz 以上的辐射能量可能是由壳体产生的。频率越高，辐射能量的更可能是设备的壳体，或者当设备没有壳体或为开放式的框架时辐射能量的为电路板。
- 确保所有屏蔽电缆在其两端实现低阻抗的搭接。确保屏蔽层与壳体或连接器直接端接接触。除非绝对需要，否则避免使用软辫线进行搭接。
- 如果使用软辫线对屏蔽电缆进行搭接，那么应确保其尽可能的短。

- 确保壳体的金属片之间实现极好的接触（接触电阻为 10mΩ 或更小），接触的地方应没有能够产生电阻的油漆或其他涂层、油脂、污垢、腐蚀或氧化。
- 确认离开设备的每条线缆都进行了滤波，且滤波器应安装在邻近线缆进出设备的位置。有关滤波器的设计，可参考本书附录 E。
- 如果进行的是商业试验（如 FCC、CE），80MHz 以下存在垂直极化的发射，那么应尝试提高电源线的位置使其不与接地平面相接触。这将减小从产品到天线通过接地平面的耦合路径。反之，应尝试增加电源线与接地平面的接触，以确认发射是否增加。
- 如果有与产品相连的辅助设备，应确认它们不是噪声源。如果可能的话，关掉辅助设备的电源。如果不能关掉辅助设备的电源，那么可以关掉受试设备的电源，仅留下辅助设备工作。如果发射信号仍存在，那么骚扰源可能为辅助设备而不是受试设备。

## 4.3   不合格的典型原因

大多数产品没能通过辐射发射试验的原因是电缆的辐射或壳体的泄漏。

**电缆辐射**：I/O 电缆或电源电缆，由于其屏蔽层与机架或壳体搭接不好或缺少足够的滤波或简单地穿过屏蔽壳体，所以通常会辐射高频谐波。通常情况下，200MHz 以下不合格的原因为电缆辐射。较低频率的发射通常都是由电缆产生的，它们的物理长度使得其能成为好的天线（天线越大，它们的发射更为有效）。电缆通常为设备的最长部分，从而为最低频的发射源。有关辐射结构的更多内容见4.7.1 节。

**金属机壳**：较高频率（通常大于 200MHz）的发射普遍上来自于设备的金属机壳。在较高频率，I/O 电缆通常为感性，因此对于射频电流来说，其阻抗要比机壳的大；基于此原因，机壳上的射频电流通常会产生辐射。这种情况的一个例外是受试设备为大型设备。一台 7ft

高的金属箱体, 当其位于接地平面上时, 在大约 30 ~ 40MHz 可能存在 1/4 波长的谐振。

一种常见的辐射源为机壳上的缝隙。设备内的电路板能在机壳的内表面上产生电流。这些高频电流可从缝隙或间隙泄漏出去, 然后在设备机壳或壳体外部附近流动。因此, 整个壳体成了发射天线。一种例外情况是当电流被耦合到机壳上的点非常接近发射源时, 它们中的大多数能够返回到发射源。这就是为什么在电路板上或电路板的参考返回平面上使用旁路电容是非常好的, 原因就是它们能与机壳实现很好的搭接。

然而, 当高频电流在设备的壳体内部流动, 当它们到达缝隙时, 肯定能够很容易地流过这个接缝点。几 mΩ 的阻抗将在缝隙上产生电压, 从而产生辐射 (强的电场)。应指出的是, 水平缝隙从其顶部到底部将具有电压梯度或矢量, 能产生垂直极化的电场; 垂直的缝隙主要产生水平极化的电场。一种好的故障排除技术是, 指出电场 (假设使用的是电场天线) 的主要极化, 然后确定这种电场是否是由搭接不好的缝隙产生。

如果产品包括视频显示器或 LCD, 那么显示接口的边沿会出现泄漏。其他的泄漏区域包括插入式子卡 (典型的个人计算机机壳上所使用的) 之间的空间或通风口。

## 4.4　在符合性实验室进行发射故障排除

通常, 需要在符合性实验室进行发射故障排除。有一些事情是必须意识到且应去做的:

1. 必须能看到频谱分析仪的显示屏。可能的方法是将频谱分析仪在电波暗室内进行投影或把频谱分析仪直接放置在电波暗室内。如果唯一的选择是使用放置在电波暗室门口处的显示器 (用于显示频谱分析仪的显示屏), 那么电波暗室的门必须敞开着以便能看到它, 同时应确保观察到的发射不是来自 FM 广播、蜂窝电话或数字电视产生的环境信号。这时可能需要关掉自己的设备以确认是否为环境信号。

2. 当观察发射时，要认识到人是位于电波暗室内，人们的进入会影响产品的发射。发射电平将会与之前的不同。同时，受试设备最大发射位置的角度也可能发生变化（对于商业试验）。然而，若设备和电缆发生轻微的移动，最大发射位置的角度也会发生变化，因此要意识到这个事实：当觉得产品的发射已有改进时，其结果可能是最大发射的角度或位置已发生了移动。

3. 别站在测量天线和受试设备之间。人体是极好的射频吸收体（见图 4.1）。

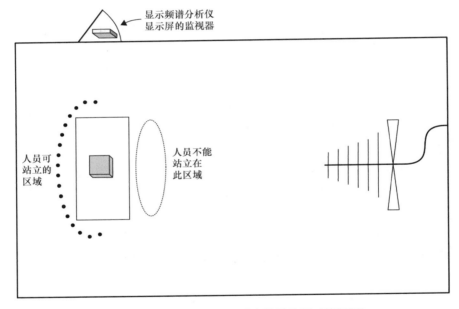

图 4.1　故障排除时试验人员应站的位置（俯视图）

**注意**：首先应保证安全。在辐射发射的故障排除过程中，通常要求移去产品的壳体，以及移动内部导线和电缆或其他组件。当开始故障排除过程时，移去产品的内部部件时一定要注意高压。

当处理辐射发射问题时，如果试验布置如图 4.1 所示，那么一定要确保人们站位位于控制区域内。告诉其他人员应站的位置且确保他们不能走动。他们的移动和所站位置将会影响试验结果。

首先，用手抓住电缆（这样做如果安全的话）。如果电缆为主要的辐射体，那么通过抓住和松开电缆，可能快速地识别电缆是否为辐射体。当这样做的时候，由于电缆也将与电波暗室和人们所站的区域相调谐或失谐，因此人们应尽可能地减小移动。可能需要拿一根木棍或塑料棍挑起电缆，不与它们相接触以尽可能地减小人们对电缆的影响。为了这个目的，可使用曲棍球杆，这样人们站立的位置到受试设备就有一定的距离，尽可能地减小了人们对辐射场的影响。这样，看到的测量结果的任何变化都将来自于电缆的移动。

很多情况下，I/O 电缆与受试产品是相连的，但其在远端是断开的。可以尝试着每次断开这些电缆中的一根，其他电缆仍被连接，在这个试验过程中，直到所有未使用的电缆都被断开。这也有助于识别是哪根电缆或哪组电缆正在产生辐射。

如果认为不是电缆产生的问题，那么可将手放置在设备的壳体或外壳上，仅当安全时才可这样做。如果可能的话，可重压或挤压机箱以确保金属片的接触或者断开它们的接触。在这种情况下，可能会看到发射的突然抬高或降低，这表明机箱的某些地方被断开了或得到了好的接触。若是这样的情况，应寻找可能位于金属表面之间的涂层或喷涂物。

假设辅助设备没有问题，如果可能的话可关掉辅助设备，但这样做不能影响受试设备重要部分的功能。如果不能这样做，则可以反过来，关掉受试设备留下辅助设备。再看看问题仍还存在吗？如果问题存在，则辅助设备可能是辐射源。如果辅助设备位于电波暗室外，这也是适用的。进出暗室的电缆可包含大量的射频能量，它们在暗室内能重新进行传播。应确保这些电缆进行了很好的滤波、屏蔽或使用某些方式进行了处理，以避免产生辐射问题。有时在这些长的辅助电缆上加载一些串联的铁氧体扼流圈，能有效地移去它们对实际受试系统或产品的影响。如果不能对受试设备或辅助设备进行断电，那么可以尝试着通过改变负载、运行状态、数据率或其他功能，然后观察发射的变化。

使用非导电塑料或木质的钩针可能会很有帮助。使用它能从电缆束中拉出单根导线。如果这样做安全的话，可以用手指头接触这些导线，触摸和放开导线以确认它们是否敏感及发射电平是否发生了改变。

识别辐射电缆的最佳方法之一是，测量导线或电缆屏蔽层上流动的共模电流。通过用电流探头就近钳住受试设备的导线，用频谱分析仪测量导线中的射频电流，这种射频电流与辐射发射有很强的相关性。实际上，对于短电缆（小于 1/4 波长），能够预测其产生的电场（单位为 V/m），这种电场可与标准限值进行比较。电缆辐射电场的预测将在随后的章节中进行讲述。

可考虑购买一对长的铝编织针。使用绝缘胶带（如黑色电工胶带）包裹其中一根的绝大部分。可通过使用编织针的导电端接触连接器、连接器的插针、电路板、机箱和机壳部件（但一定要小心连接器插针的短路等）这种方式，对它们进行探测。当这样做的时候，应观察发射电平的增加或减小。这两种现象都能识别出敏感区域，在这些区域应非常仔细地进行研究。除了编织针，还可以使用多用表的表笔或焊接在导线上的连接器插针。实际上，由于当导线连接到敏感区域时，它们能与天线的极化处于相同的方向，因此这样的方式很容易使用。

对于小型和中型设备，紧急的补救措施是用铝箔包裹整个设备。由于覆盖的区域很大，最好不要使用铜胶带或铝胶带。此外，铝箔不像导电胶带，它们不会受到阻抗建立的影响。也就是说，当使用具有黏合剂的金属导电胶带时，应记住这种黏合剂并不是所预期的那样，它导电性并不是非常强。当用导电胶带一层一层包裹设备时，所建立的阻抗能显著减小屏蔽层的屏蔽效能。使用没有任何涂层的铝箔，将会把这种搭接质量改善一个数量级。

为了以这种方式使用铝箔，铝箔应叠加几次以覆盖它们之间的缝隙，就像裤子上的裤缝一样。如果可能的话，铝箔应与任何连接器和电缆的屏蔽层进行搭接。为了确保这种搭接，在连接器的周围要使用扎线带或束线带。如果设备还继续辐射，则可以把包裹了铝箔的设备放置在导电接地平面（即地板，如果它作为接地平面）上。如果设备仍还继续辐射，那电缆很可能仍存在问题。

如果使用这种方式解决了问题，那么机壳可能是辐射不合格的原因。先慢慢地剥离认为很可能没有问题的区域（如没有显示屏或连接器的实体面板）上的铝箔，最后再移去连接器和显示屏上的铝箔。每次剥离一些铝箔，进行核查以确认发射电平是否返回到之前的值或仍保持低值。通常，当进行这项工作时需要观察显示频谱分析仪发射值的监视器，这是最佳的故障排除方式。

## 4.5　在自己的设施中进行发射故障排除

除非能长时间地使用符合性试验设施，否则通常最具性价比的是在自有的设施中进行任何详细的故障排除，在自有的设施中，能花时间系统性地对发射源进行隔离，以及尝试一些潜在的解决办法。同时，也能进行大量的预符合性试验，目的是更好地了解产品能或不能通过符合性试验的概率。

最佳的工作区域要距外部信号源或其他工作设备远一些。会议室或地下室通常为较好的工作区域。地下室之所以好是因为有时广播、两路广播或蜂窝电话在这种地方产生的环境信号幅值较小。

把受试产品放置在桌子或工作台的一端，另外一端放置简单的天线，距离受试产品大约 1m 远。为了更清楚地观察谐波发射，需要将天线移得更近。固定测量天线的位置，这样就不会出现无意的天线移动，也就不会影响测量。为了进行整体故障排除，几乎可以使用任何测量天线。当然，如果测量天线谐振在所关注的频带内则是最好的。简单的兔耳电视天线或 PCB 型天线（见图 4.2）都可以很好地用于故障排除。

把频谱分析仪与测量天线相连，将其调节到所关注的一个谐波或多个谐波频率上。由于把测量从实验室移到了工作台上，因此测量不再是已校准的。现在需要在专门的试验布置条件下建立测量结果的基准线，这样通过对比，就能知道是否对发射进行了改善。如果频谱分

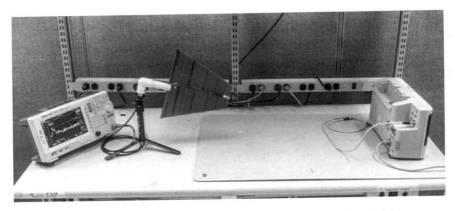

图 4.2　在自有的试验台上进行辐射发射故障排除的整体试验布置
（通过使用放置在产品附近的天线，能实时监测所使用解决办法的试验结果）

析仪有这种基准线，可把显示线设置到最大谐波值上。如果正在同时评估好几个谐波，也可以把基准线都保存在屏幕上，在故障排除的过程中与之相比较。这可作为参考以帮助判断使用的解决办法是否有用。

　　如果测量距离为 1m，那么可以使用调整后的图 4.3 所示的辐射发射限值，这样就可以粗略地评估发射电平是否能符合 3m 或 10m 的发射限值要求。

　　**注意**：由于被测的频率可能位于近场，结果仅是一种粗略的估计。Ott[1] 和 Curtis[2] 的经验表明在测量距离 3m 所对应的限值的基础上增加 6dB 通常更为准确。图 4.3 所示的限值增加了这 6dB。然而，通常最好的做法是先记录基准线，然后基于这基准线进行故障排除。

　　**注意**：根据经验，在对特定谐波进行故障排除时，有两件事要牢记。首先，测量距离 1m 时发射电平 10dB 的减小并不意味着测量距离为 3m 或 10m 时也有 10dB 的减小。这种现象的主要原因是近场和远场效应。这种效应使得场强与测量距离之间并不是线性的反比关系。其次，认为 2～3dB 的减小是显著的改善，但此数值可能小于测量误差，或者可能小于身体位置或设备和电缆位置的变化引起的测量结果的变化。这些因素都会影响天线或产品的辐射波瓣图。

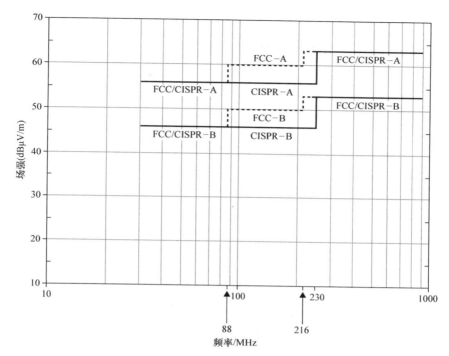

图 4.3 测量距离 3m 所对应的 FCC 和 CISPR 的辐射发射限值转换为测量距离 1m 的限值（即加上 6dB 的修正因子；这也可为发射电平是否合格提供粗略的估计）

## 4.5.1 时钟振荡器

产生窄带谐波的源有晶振或时钟振荡器、内部的锁相环（Phase Locked Loop，PLL）时钟上变频器、快速的时钟信号或其他产生快速（ps 或 ns）上升时间的数字电路。本书附录 B 给出了简单的能使用电子表格建立的谐波分析仪。例如，133.33MHz 的晶振产生的二次谐波为 266.66MHz，三次谐波为 399.99MHz，等等。对于为理想方波的晶振或时钟，其占空比为准确的 50% 且没有过冲或失真时将只有奇次谐波（如 3 次、5 次、7 次等）。然而，由于晶振或时钟脉冲的占空比通常都有偏差（即占空比与准确的 50% 有偏离），且由于信号的失真、上升和下降时间等，因此将会出现偶次谐波。通常情况下，它们的幅值要小于奇次谐波。作者已发现，其与50%理想占空比的偏差小于1%时产生的偶次谐波和奇次谐波是相等的。

应强调的是，通常不同时钟源的两个或多个谐波将会落在相同的频率上。虽对某一个时钟使用了解决办法，但看见的是谐波的幅值并没有明显的改善（见本书2.3节）。

【示例】

假设1号谐波为50dBμV/m，2号谐波为34dBμV/m（注意，这两者都超过了FCC 30dBμV/m的B级限值）。如果它们同相，两个矢量叠加得到的值为50.9dBμV/m。若2号谐波得到了抑制（使用一种解决办法），可能会注意到与之前的谐波值相比并没有太大的变化（最多为0.9dBμV/m）。这就是为什么最好留下所有可能的解决办法直到解决了问题或识别出了所有的主要影响（见本书2.3节）。

接下来缩小范围，看问题是由电缆发射的，还是由外壳发射产生的（或两者的组合）。这时可以使用近场探测或使用电流探头，它们能非常有效地确定发射源。使用电流探头靠近受试产品钳住电缆，每次一根，以识别最强的发射源——沿着电缆向两个方向分别慢慢地滑动探头以得到最大读数。通常情况下，电缆上200MHz以下的共模电流与辐射发射问题直接相关。

此外，也可以使用电场探头在壳体或外壳的缝隙附近探测泄漏。作为通用规则，如果泄漏缝隙被限定在较短的长度，那么它可能对总的发射问题的影响不大。若泄漏缝隙的长度接近1/10波长或更长（如半波长的泄漏缝隙可作为有效的天线），那么这种缝隙可用铜胶带进行处理。

尝试着移走不需要的I/O电缆以确认是否是它们引起了辐射发射的超标。尝试着在电缆上增加铁氧体扼流圈。但一定要规定铁氧体扼流圈的材料，确保它能衰减电缆上的共模电流从而减小所产生的磁场。

如果知道了所测电缆中流动的谐波电流值，那么就可以使用此电流值来估算某一距离（通常为3m或10m）处的电场。若使用的电流探头具有单位传输阻抗（传输阻抗为1Ω或修正因子为0dB），那么就可以把电压值直接转换为电流值。例如，60dBμV 的电压测量值可直接转换为 60dBμA 的电流。然而，应强调的是，传输阻抗是随着频率变化的。此时，需要确保在所测量的频率上使用的传输阻抗是正确的。使用电流探头测量电流，然后估算符合性试验中所用的典型测量距离处的电场，详细讨论见本书第 3 章。

    **注意**：当故障排除特定的谐波时，一定要根据标准要求周期性地扫描整个频谱。很多情况下，一种潜在的解决办法虽可以帮助减小一个频段内的谐波能量，但会简单地将谐波能量移到上一个或下一个不同的频带。这通常称为"气球效应"（一个频点的谐波值减小了，而另外一个频点的谐波值又增加了）。这种现象通常是由电缆或其他金属结构中的谐振效应产生。

## 4.5.2 发射的识别

    一旦发现产品的结构（电缆、缝隙或其他孔径）已成为辐射天线，那么这时就要打开产品，尽力确定驱动外部电缆或缝隙产生辐射的发射源和可能的耦合机理。这是更加困难的工作。但通常情况下，发射源要追溯到特定的电路板或一组电路板上。对于此问题，在发射电缆的内部（在噪声源端）增加铁氧体扼流圈肯定会很有用。同时，寻找与其他电缆捆在一起的且相耦合的噪声电缆。例如，尝试着将噪声电缆重新布置到其他地方。通常情况下，把噪声电缆沿着金属外壳进行布置可减小电缆产生的场强。最坏的情况下，可能需要使用附加的滤波方法对产品的有噪部分进行重新设计。

    为了识别出是否是辐射源的内部电缆，考虑使用射频电流探头。把电流探头钳在电缆上，有助于对所怀疑的电缆上的发射源，甚至单根导线上的发射源，进行定位。这时虽测得的发射值将与测量整个产品得到的发射值不同，且测量曲线也可能与测量整个产品得到的测量曲线不完全相同（整个产品的发射有两个宽带频率峰值，但测量电缆时仅看到一个），但这是一个极好的可能解决问题的着手点。应记住的是，此时测得的辐射源可能仅是两个或多个源中的一个。因此，如果整个产品的测量曲线中有两个凸起的峰，但测量一根电缆时仅测到了一个，那么需要再继续寻找另外一条辐射电缆或其他的辐射源。

## 4.5.3 电源线发射

如果发射仍还存在且怀疑是由电源线产生的，那么可以使用线路阻抗稳定网路（Line Impedance Stabilization Network，LISN）测量100MHz 以下的传导发射进行某些故障排除。简单的 LISN 成本很低。图 4.4 给出了标准商用 LISN 的简化原理图。为了改善高频性能，如果可能的话，LISN 最好使用陶瓷电容器和大的空芯电感器。

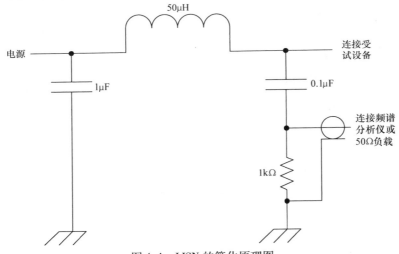

图 4.4　LISN 的简化原理图

使用 LISN 测量传导发射，然后与在实验室测量的辐射发射结果进行比较。如果发现两条曲线具有相似性，那么电源线是产生辐射发射问题的发射源之一，但不是全部。一旦返回到实验室进行测量，就会发现传导发射的减小有助于改善辐射发射。然而，应记住的是发射源可能有多个，电源线仅是它们当中的一个。别太相信单独使用这种办法就能解决问题。

## 4.5.4 滤波器

随着频率的增加，滤波器周围的耦合噪声也可能随之增加。这就是为什么滤波器的安装位置非常重要：它的安装位置必须非常接近产品中的连接器或电缆进出点。滤波器安装位置不当或远离连接器，都会使大量的能量潜在地与已滤波的线缆相耦合。如果这些有噪声的线缆没有经过滤波离开外壳，那么它们能够产生辐射发射。有关滤波的更多信息详见本书附录 E。

此外，如果设备的外壳为非导电塑料或为开放式的机架设备，那么极好的滤波和电路布线则是非常的重要。电路产生的所有电流必须控制到本地且能返回到源。

## 4.5.5　电容器

应强调的是，用于对辐射发射进行滤波的所有电容器都应为陶瓷电容器或其他高频类型的电容器。电解电容器和钽电容器在辐射发射的频率范围内没有足够的工作带宽，因此并不适用。

## 4.5.6　铁氧体扼流圈

钳在电缆上的铁氧体被称为祈祷珠，这样称呼的原因如下：把铁氧体钳在电缆上并祈祷能起作用。如果它们起作用，那么就可以考虑使用，它们也就可能是恰当的解决办法。使用的铁氧体应有较小的磁导率 $\mu_i$ 且在较高频率时通常也能起作用。同内径较大的铁氧体相比，内径较小的铁氧体能较好地耦合磁场且具有较高的阻抗，因此需要使用适合于导线的内径最小的铁氧体。同时，也要规定铁氧体的阻抗，其在所关注的频率范围内能产生足够的损耗，这也是非常重要的。

对于大多数的辐射发射问题，铁氧体的磁导率通常要小于 1 000 才能有效。然而，新开发的材料其磁导率则要比 1 000 大。此外还要指出的是，和夹式铁氧体相比，实体的铁氧体环能提供较好的抑制效果。这是因为夹式铁氧体具有固有的间隙，虽然为磁场建立了阻抗，但其减小了有效阻抗。实体的铁氧体环则不存在此问题。

## 4.5.7　屏蔽层

屏蔽层可能为电缆、外壳或两者都是。前面已讨论了外壳屏蔽层的相关内容。对于电缆，重要的是要确保屏蔽层使用对称的端接搭接到连接器上——至少在屏蔽层的每一侧使用一条短的软辫线与连接器进行搭接。然而，360°的端接是最为理想的。许多电缆设计时使用单条软辫线，这样的软辫线在高频时为感性的，因此会产生高阻抗。

图4.5给出了端接单条软辫线的屏蔽电缆。这条软辫线中会流过大的电流，从而产生磁场，这种磁场又会与连接器所连接的导线相耦合。它也会耦合产生沿着电缆屏蔽层的外部流动的共模电流，使得电缆产生辐射。

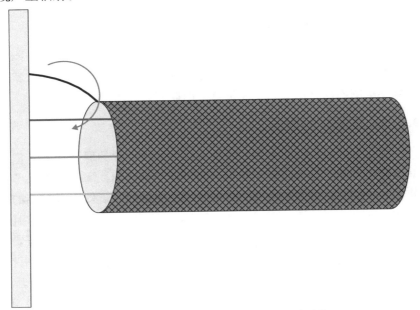

图4.5　屏蔽层使用单条软辫线的非对称端接

此外，由于传导耦合或辐射耦合，屏蔽层上会流过大电流，因此外壳上也会流过电流，其将产生磁场，这种磁场会与连接器附近的裸露导线产生耦合。

图4.6中，使用分开的端接，这减小了每一条软辫线中的电流，但此电流也会产生磁场。然而，应指出的是，两条对称的软辫线中的电流产生的场为磁场，它们在连接器中的方向相反。这样做虽不是理

想的磁场相消，但在某种程度上减小了它们的合成场。因此，由于减小的电流和方向相反的场，对称端接的软辫线是可以使用的。如果可能的话，可以使用两条或多条软辫线，对称地环绕连接器布置。更好的办法（作为故障排除试验或临时性的解决办法）是，尝试使用铝箔包裹屏蔽层的末端、软辫线和连接器。这将为所有导线建立一个完整的壳体，且使用非常低阻抗的连接把屏蔽层搭接到外壳。

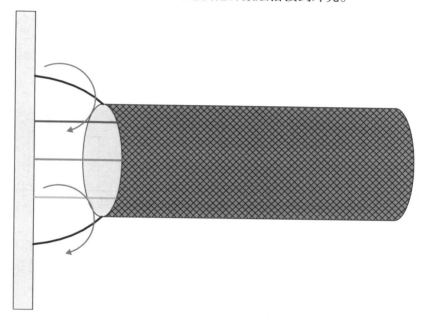

图 4.6　屏蔽层使用对称端接的软辫线（这将实现较好的磁场抵消，并具有较低的发射或敏感度。表示耦合能量的两个箭头在暴露区域的中间方向相反）

## 4.6　商业试验问题

在 80MHz 以下，发现的大多数发射问题为垂直极化的。如果试验是在这些较低的频率上没有通过，那么问题可能是由放置在接地平面上的且与接地平面相耦合的电源线或其他电缆所致的。尝试着抬高电源线使其远离接地平面,以确认发射是否减小。相反,可尝试着将更多的电缆放置在接地平面上,以确认发射是否增加。正如下面所述,最明智的做法可能是在这些频率进行最终试验时使用更为准确的调谐偶极子。

　　根据辐射发射标准,测量天线至少要比接地平面高30cm。在进行任何符合性试验之前,应对此要求进行确认和纠正。如果天线太接近接地平面,如图4.7所示,那么具有大的类似双锥翅膀的宽带天线能与接地平面产生容性耦合。如果电源线也与接地平面产生容性耦合,那么接地平面将成为导电路径的一部分,天线和受试设备之间就会形成闭合的辐射环路路径,这将导致产品不合格的错误结果。

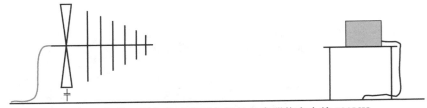

图4.7　宽带天线与接地平面之间的电容器能在大约100MHz
以下产生错误的不合格结果

　　应指出的是,最终的权威测量天线为调谐偶极子天线,如图4.8所示。这种天线具有很多优点,包括其与接地平面之间的容性耦合最

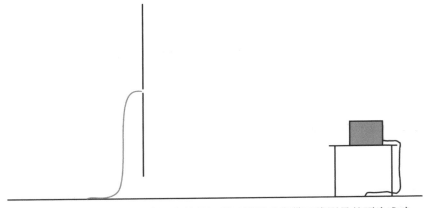

图4.8　在较低频率时垂直极化的偶极子天线要比宽带天线测量的更为准确

小。由于要进行调谐，它的中心最高要位于接地平面上大约 1.25m 处，这样就减小了天线与接地平面之间的电容且天线的位置也高于受试设备。

## 4.7 自制技巧和低成本工具

### 4.7.1 近场探头

对于屏蔽层具有缝隙、间隙和衬垫的情况，尝试着识别出这些区域将是一种挑战。对于这种情况，使用近场探头将很有帮助。电场探头能识别缝隙或衬垫中的阻抗。由于电流会尽力流过缝隙，当其流过阻抗时会产生电压降，这将会辐射形成强的电场。这就是为什么电场探头很有帮助的原因。

如果没有电场探头，制作一个也是非常简单的。使用 BNC 到 RCA 的适配器制作探头是非常容易且低成本的方法，如图 4.9 所示。使用塑料盖或胶带包住 RCA 端以避免金属产生的短路，否则这种短路会损坏频谱分析仪或预放大器的前端。

图 4.9　BNC 到 RCA 的适配器上中心导体的短截线作为简单的电场探头
（在使用前一定要对其进行绝缘）

如果需要的话，使用这种探头也可以测量磁场。通过从其顶端到屏蔽层焊接 50Ω 的电阻或简单地从其顶端到屏蔽层使用导线，就可实现磁场测量。在射频时，50Ω 的电阻并不是 50Ω 的阻抗，导线也不是短路的。虽然很难使用简单的方式知道实际的阻抗值是多少，但可能的是，在这两种情况中电缆都没有进行正确的端接。这并不意味着仍不能获得辐射信号的信息。应记住的是，这是在着手寻找和识别谐波信号，而不是着手评估实际值。

工程师可以很容易地制作其他近场探头。有关这方面更详细的信息见本书附录 D 有关 EMI 工具箱的内容。

有很多公司制造近场探头。图 4.10 给出了美国 Beehive Electronics 公司（http：//www. beehive - electronics. com）制造的典型探头组。这种探头组中有三个为磁场环探头，一个为电场探头。由于这些探头细小且绝缘，能测量间隔很近的 PCB 之间的场，因此 Beehive 公司的探头是很有用的。

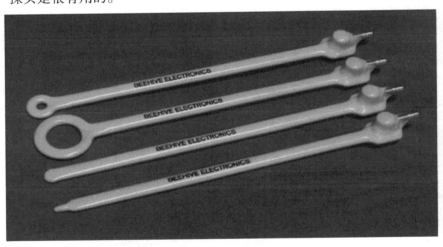

图 4.10　低成本的商用近场探头组（包括三个磁场环探头和一个电场探头）

**注意**：要把使用近场探头测得的幅值与使用天线测得的幅值（测量距离为 1～10m）进行相关是不切实际的，也不应尽力这样去做。把发射源附近产生的场（近场）转换为距发射源一定距离处测得的场（远场）则需要知道源阻抗、探头的天线系数及其他的许多方面的内容。此外，这种测量方法是用于快速地识别发射源的，而不是产品符合性的确认。

　　**注意**：使用近场探头有时会得到错的结论。例如，类似旁路电容器的装置设计用来为高频电流流回到返回平面或返回路径提供低了阻抗的路径。这种类型的电流路径可能产生大量的磁场。由于这种磁场被限制在非常小的区域，它将不会产生非常强的辐射。同样，除非电流路径的电长度接近 1/2 波长，否则即使它们具有一定的信号电平，也并不是所有的电路印制线或缝隙都能成为很强的辐射体。

　　一种很好的技术，是通过测量和记录被测结构的长度以确定潜在发射源的电长度。一定要考虑电介质材料上电路印制线中波长的减小。本书附录 A 中给出了波长的计算公式，本书附录 F 详细地讨论了谐振结构中的波长计算。

　　除了电缆和电路印制线，同时可以认为屏蔽体的缝隙可等同于细导线天线。因此，缝隙每波长的辐射效率与偶极子天线每波长的辐射效率是相同的。要明白的是，当外壳上的缝隙接近半波长时，它将成为非常有效的偶极子天线。通过使用记号笔标记出特定频率上泄漏缝隙开始产生辐射时的长度和停止产生辐射时的长度，并测量这些缝隙的长度，然后与偶极子的辐射和偶极子的尺寸及波长之间的关系曲线（见图 4.11）进行对比。这样可看到，与 1/2 波长天线相比，缝隙将产生怎样的有效辐射。

　　图 4.11 给出了当归一化到 1/2 波长的最大辐射效率（0dB 作为参考）下导线或缝隙与偶极子长度之间的相对辐射。如果辐射导线、电缆或缝隙的长度为 1/4 波长，其辐射值仅比它们的长度为 1/2 波长时小 10dB。如果辐射结构正好为波长的 1/10，其辐射值比它们的长度为 1 波长时小大约 26dB。

　　因此，当探测到明显的强辐射区域时，如图 4.12 所示，也一定要估计被测结构的电长度以确定它是否能有效地产生辐射或能实际传播信号。

　　将此近场故障排除过程往推进一步是非常明智的选择，即在近场探测之后经常是使用天线近距离（通常为 1m）测量 EUT 以确认哪种结构（电缆、PCB 或电路印制线）实际上正在产生辐射。如果测量的

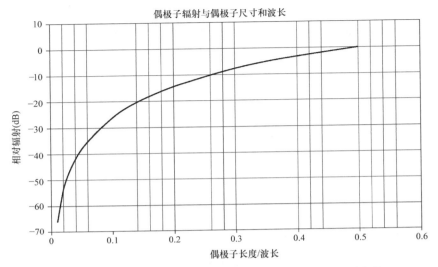

图 4.11　偶极子的辐射与偶极子的尺寸和波长之间的关系曲线

图 4.12　通过使用磁场探头能够缩小高频谐波发射源的范围

场地位于屏蔽室或半电波暗室的外部，则可能会测量到环境噪声，即商业广播电台、两路广播和移动电话信号。然而，通过将天线更接近EUT 放置，通常能观察到产品产生较高发射的源，从而具有更高的概率对实际的辐射源进行识别和抑制。

## 4.7.2 电流探头

电流探头对电缆发射的故障排除则是非常有用的。如果电缆发射为唯一的问题，那么可能仅使用电流探头就能解决问题。把电流探头钳在产生辐射的电缆上，能测量出流过电缆屏蔽层外部的高频共模电流。当使用解决办法时，通过监测电流就能知道问题是否已解决了。电流探头的最佳放置位置是尽可能地接近被测设备。这样做是因为考虑到位移电流和电容效应。在电缆上要慢慢地来回移动探头，以得到最大读数。应记住的是，开路导线会产生非常强的辐射，尽管在被测设备近端的导线上能够测得电流，但在导线的远端并没有流动的电流。图 4.13所示的自制电流探头对于干扰的故障排除通常是足够的，但为了测量结果的准确和长期有效，就需要使用商用电流探头（见图 4.14）。

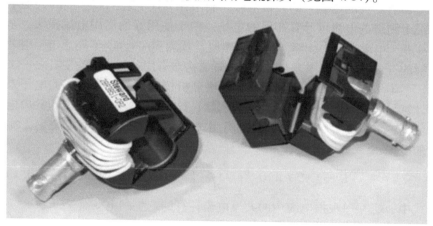

图 4.13 使用商用的铁氧体扼流圈很容易自制电流探头（在铁氧体的一半上绕几匝导线，然后端接环氧树脂的 BNC 连接器。由于铁氧体扼流圈的铰链在使用中容易损坏，因此这些探头不能长期使用）

图 4.14 一对组合使用的商用电流探头（通常情况下，仅使用一只探头测量电缆上流过的谐波共模电流，但这种情况是手边有一对探头。图中的 F-33-1型探头由美国 Fischer Custom Communications 公司制造，但还有很多其他公司也制造性能很好的电流探头）

使用近场探头有助于追踪谐波电流的源，而电流探头能够测量产生辐射电场的电缆上的共模电流。利用在 I/O 电缆上或产品的其他电缆上测得的电流可计算产生的电场。由于使用好的商用电流探头，至少基于电缆发射，能够（合乎情理地）预测产品是能/不能通过辐射发射的符合性试验，因此，电流探头通常为最有用的故障排除工具之一。

本书 3.8 节讨论了如何使用频谱分析仪和电流探头测得的电压来计算导线或电缆中的实际电流。例如，计算 I/O 电缆中流过的共模电流为 17.783μA。根据此电流，使用式（4.1）[2,3]计算电缆辐射产生的电场：

$$E_c = 1.257 \times 10^{-6} \left( \frac{|I_c| fL}{d} \right) = 8.94 \times 10^{-4} \text{V/m} \qquad (4.1)$$

式中 $E_c$——根据电缆中的共模电流计算的产生的电场（V/m）；

$I_c$——导线或电缆中的共模电流（A）；

$f$——被测的谐波电流频率（Hz）；

$L$——电缆长度（m）；

$d$——符合性试验时的测量距离（通常为 3m 或 10m）。

对于这个示例，有

$$I_c = 17.783 \times 10^{-6} \text{A}$$
$$f = 120 \times 10^6 \text{Hz}(\text{或 } 120\text{MHz})$$
$$L = 1\text{m}$$
$$d = 3\text{m}$$

根据这些已知信息，计算电场值为 $8.94 \times 10^{-4}$ V/m。将此值的单位换算为 dBμV/m，则得到的电场值为 59.03dBμV/m。为了确定产品是否合格，可以参考 FCC 或 CISPR 的辐射发射限值（标准中都作出了规定）或图 4.15 所示曲线，对于 3m 测量距离，限值要在 10m

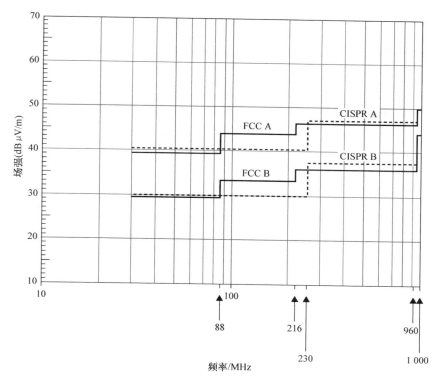

图 4.15　测量距离 10m 时 FCC 和 CISPR 的辐射发射限值（应注意的是，对于 3m 测量距离，限值在 10m 测量距离所对应的限值的基础上要增加 10dB）

测量距离所对应的限值的基础上增加 10dB。将该值与 FCC 的 B 级限值进行比较，可以看出，对于 3m 测量距离，120MHz 时的限值为 43.5dBμV/m，因此此值超过限值大约 15dB。

**注意**：如果导线或电缆中的共模电流大于大约 3μA，那么对于 3m 测量距离，在 120MHz 时则会超过 FCC 的 B 级限值。这例证了为什么对这些非常小的电流的管理和控制是如此重要，但管理和控制这些小电流在某种程度上则是有些困难的。

如果在试验现场，辐射发射的测量距离不足 3m，此时若 EMI 测量天线经过了校准，那么可以在会议室或大的办公室建立临时的 3m 测量距离。

然而，为了进行整体故障排除，应优先将受试产品放置在桌子或工作台的一端。把小的瓣向天线（sense antenna）和频谱分析仪放置在另一端，距其大约 1m 远（见图 4.2），通过观察频谱分析仪上的实时结果，能进行故障排除及应用潜在的解决办法。对于大型的落地式产品，和台式设备一样，将天线和频谱分析仪放置在距其大约 1m 远处，按照正常的方式进行故障排除。

## 4.7.3    壳体的搭接测量

壳体的所有部分应进行低阻抗的连接，因此应对缝隙的搭接上产生阻抗的涂层、喷漆、油脂和污垢进行检查；应确保螺钉拧的很紧且进行了正确安装。当觉得污垢会影响低阻抗的连接时，可使用酒精或其他不会产生残留的清洁剂对其进行清洁。通过使用放置在缝隙两侧或壳体表面上的两枚硬币检查搭接或表面涂层，如图 4.16 所示。可以使用毫欧电阻表或微欧电阻表进行测量。尖的探针刺穿涂层，仅测量涂层下面的金属。使用表面上放置的硬币可避免探针刺穿涂层，这样能够更可靠地提供所存在的搭接问题的信息。

## 4.7.4    连接器的搭接

另外，也应记住检查连接器与壳体的搭接。相同的故障排除技术也可用于确认屏蔽电缆与壳体的搭接及其他搭接问题。

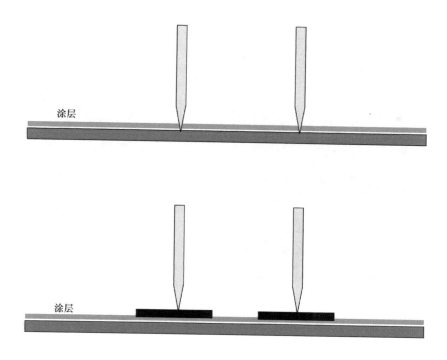

涂层

涂层

图 4.16　使用两枚硬币检查表面涂层的导电性

## 4.8　典型的解决办法

从上述的讨论中可得到，典型的解决办法有以下三种形式：

1. 对于进出产品壳体的所有电路都要进行滤波。

2. 当连接器穿过产品壳体时，电缆屏蔽层与产品的外壳或金属壳体应进行正确的屏蔽和搭接，如图 4.17 所示。

3. 外壳的正确屏蔽。

进入或穿出外壳的电线的滤波可进一步分为几种方式。最常见的方式是，在外壳的穿透点确保有高质量的滤波器。通常采用的是从信号线或电源线到外壳的电容器，且形成的环路应具有非常短的和阻抗

图 4.17　连接器与外壳搭接不好的示例

非常低的路径。应记住的是，这种环路包括从滤波器到外壳的路径（通常是通过某些支架），然后返回到连接器。如果支架位于电路板的角上，连接器位于外壳的中心，那么若不在连接器处或其附近增加一个支架，则想要保持这个路径较短是不可能的。图 4.18 给出了一种这样的路径。

　　当安装一个固定件以试验这种解决办法时，在连接器的后侧从电线到外壳之间加装电容器是最佳的，如图 4.19 所示。既然此电容器的安装位置为理想位置，那么表明这种解决办法能起作用。既然这种安装在生产时是不可能的，那么应记住对此问题要增加一定的设计裕量。一种好的替换方法，尤其是对于故障排除，可使用如图 4.20 ~ 图 4.22 所示的具有滤波的适配器或滤波器插入件。

　　D 型连接器仍在许多产品中使用。一种方便的故障排除解决办法是在产品的端口和 I/O 电缆之间安装具有滤波的 D 型连接器适配器，如图 4.20 所示。

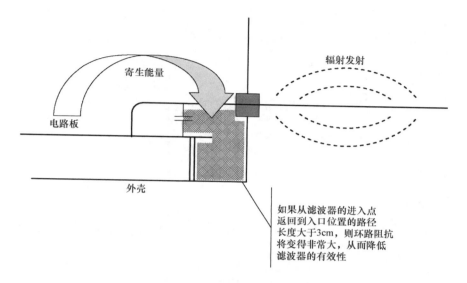

图 4.18  电缆通过滤波器返回到连接器的环路

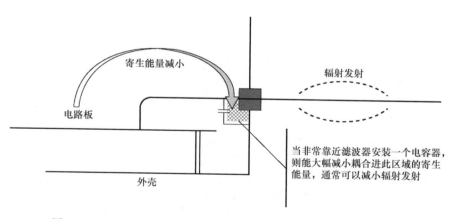

图 4.19  通过在 I/O 连接器处正确地放置旁路电容器可大幅地减小
环路面积（这能使电缆的共模耦合减到最小）

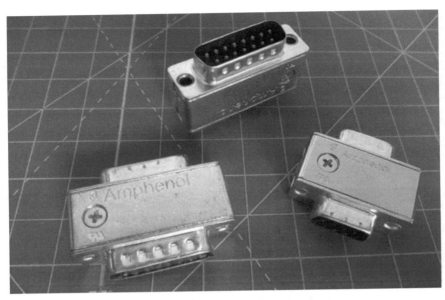

图 4.20    美国 Amphenol 公司和其他制造商生产的具有滤波功能的 D 型连接器适配器
（它们能被简单地插入到 I/O 端口和 I/O 电缆之间。这有助于把共模电流旁路到外壳）

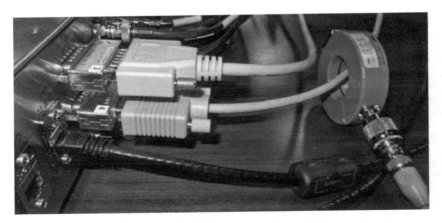

图 4.21    在实际故障排除中使用具有滤波的 D 型连接器适配器的示例
（通过使用电流探头进行监测，应注意电缆上共模电流的减少）

图 4.22　另外一种好的解决办法是使用涂胶的滤波器插入件（其每个引脚都具有内置的旁路电容器；厂商有成品或可为客户定制以更好地配合连接器，能嵌入大多数的表面贴装情形，在硅橡胶外壳内形成定制的滤波器组件）

## 4.8.1　导线和电缆

为了对导线和电缆进行正确地屏蔽，在屏蔽层的两端进行低阻抗的搭接则是非常的重要。EMI 电流流回到它们源的位置必须进行搭接。把屏蔽层连接到远地以尽力进行排流是没有益处的。电流是不会被排放到某些未知的"洞"中；它们必须返回到源。使用与两个外壳相连的本地返回路径，然后使用导线束进行布线是可能的，如图 4.23 上图所示。这样可以减小一些发射，但这并不是真正的屏蔽解决办法。

一种较好的解决办法是把电缆束包裹在屏蔽层内。屏蔽层然后必须在电缆的源端和负载端进行良好的端接，如图 4.23 下图所示。如

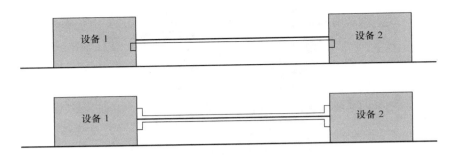

图 4.23    电流返回到源的可能方法

果电缆加装编织层，连接器为金属或金属化的，那么应使用导线带或扎线带将屏蔽层与连接器进行搭接。这将建立低阻抗的路径，且有助于保持包裹电缆束的屏蔽层的对称或完整。除非能确保解决问题，否则对于这种情况避免使用编织线进行端接。

对于屏蔽层内的信号导线束上的无用共模电流，屏蔽层通常作为电流返回路径，但屏蔽层并不作为有用信号电流的返回路径。屏蔽层内有用信号和无用的共模噪声。然而，既然每种电流都能沿着最小阻抗路径返回到源，那么在这种情况下并不存在问题。同时应注意的是，同轴电缆的外导体的内表面在高频时会作为信号的返回路径，但外表面会作为外部高频噪声电流的返回路径。尽管两种电流是在相同的屏蔽层上流动，它们则是通过集肤效应相隔开的。

如果发现外壳屏蔽体屏蔽效能不够，那么建议最初的做法是可以用铝箔包裹住整个产品。尽可能把屏蔽体与所有暴露的金属部件相搭接。通过使用上述讨论的导线带或扎线带，这种搭接通常是最容易实现的。可以用铝箔与每个连接器进行低阻抗的搭接。一旦通过屏蔽解决了问题，就可以慢慢地去掉铝箔，但应首先去掉显示屏或视频屏幕的铝箔。既然它们最可能是射频能量源，在引入其他影响发射的因素之前则需要证明它们是否产生了发射。如果显示屏被发现为能量源，则需要使用导电涂层玻璃，如铟锡氧化物（Indium Tin Oxide，ITO）涂层玻璃，或使用某些新发明的透明的屏蔽涂层。

# 参 考 文 献

1. Ott, H., *Electromagnetic Compatibility Engineering*, Wiley, 2009.
2. Curtis, J., "Toil and Trouble, Boil and Bubble: Brew Up EMI Solutions at Your Own Inexpensive One-Meter EMI Test Site," *Compliance Engineering*, July/August 1994.
3. Paul, C., *Introduction to Electromagnetic Compatibility*, Wiley, 2006.

# 第 5 章 传 导 发 射

## 5.1 概述

在大多数情况下，与辐射发射相比，传导发射的控制和避免更为容易。与高频相比，频率较低时受到寄生效应的影响较小。然而，传导发射仍会存在问题，必须予以考虑。因此，与辐射发射产生的原因和解决办法相比，传导发射产生的原因和解决办法通常更容易理解。大多数的传导发射都是由开关电源（Switch Mode Power Supply，SMPS）产生的，最佳的电源设计通常是在电源的输入端进行充分的滤波。

然而，尽管许多 OEM 电源虽具有 FCC 和 CE 标志，但它们设计不佳时，会产生大量的发射。当这些电源的负载为电抗负载，而不是设计时所考虑的纯阻负载时，电源会不稳定或产生噪声，通常则需要采用附加措施使其产生的发射符合标准的要求。

再者，大多数商用的电线滤波器模块或滤波器电路，设计时覆盖的频率上限仅到 30MHz。因此，开关器件或整流器的开关瞬态产生的谐波仍能通过滤波器向外传播。此外，由于当今的电子产品内都使用了高速数字电路，它们能产生较高频率的谐波，这些谐波将进入系统电源，通过滤波器的泄漏返回到产品的电源线。因此，以往的经验表明大多数设计良好的滤波器对于传导发射的解决是足够的，但要注意产品设计或系统设计时滤波器的性能受到影响的情况，如内部电缆走线不好、滤波器或电源的放置位置不对、与外壳或信号返回路径连接不好。通常情况下，产品不合格对其自身性能的影响很小，但发射电平高会干扰附近或连接在相同电源电路中的灵敏测量设备或通信接收机。

## 5.2　传导发射检查清单

对于传导发射，应检查如下方面：

- 独立的单个发射尖峰（窄带发射）表明，产品内部的数字时钟或其他高频源可能是在电源输入滤波器的周围产生耦合的，尤其是在 10MHz 以上的频率范围。
- 在大约 10MHz 以下，间隔很密的宽峰值的谐波通常表明开关电源为可能的发射源。
- 宽带发射通常是由交流电源整流器和主开关装置产生的。
- 兆赫兹左右及以下的发射，从本质上来说通常为差模发射。
- 1MHz 以上的发射，从本质上来说会逐渐地成为共模发射。
- 为了控制最低频率的发射，需要使用最大的滤波器元件。然而，要注意避免所产生的过大漏电流。
- 线缆与外壳之间使用电容器及共模电感器可很好地减小共模噪声。线线之间的电容器并不能滤掉共模噪声。
- 滤波器的安装位置应尽可能地靠近电源线进入产品的连接器或连接点。
- 如果有辅助设备与产品相连，那么应确保其不是发射源。如果可行的话，应关掉辅助设备。

## 5.3　不合格的典型原因

传导发射的典型问题，通常都出现在限值频率范围的两端。也就是说，它们往往出现在限值所对应的频率范围的最低频率或最高频率。

最低频率的发射通常是因滤波器使用的元件不合适而产生的。滤波器通常使用大的线线之间（X）电容器、大的串联共模扼流圈及串联的电感器。当滤波元件的尺寸过大或重量过重，即能进行正确滤波的元件放置不下或认为其重量太重，这种情况下就出现了问题。

　　这种问题中的一部分，可通过选择滤波元件的正确放置位置及使用合适的元件来进行解决。然而，物理定律必须遵守，即滤波所用的元件值仍是很大的。FCC 限值如图 5.1 所示。

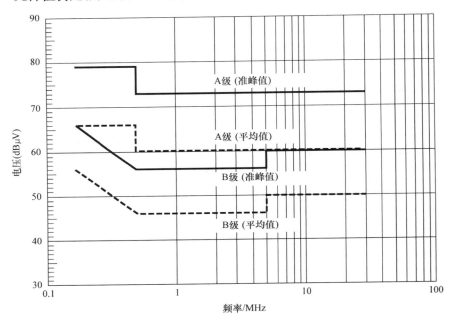

图 5.1　美国 FCC 的 A 级和 B 级传导发射限值（限值包括平均值限值和准峰值限值。A 级限值用于工业或一些商业环境，B 级限值则用于消费者环境）

　　产生高频发射的原因通常为寄生效应和交叉耦合噪声。在这种情况下，滤波器的放置和导线的布线则变得很重要。能产生磁场的元件在产品的布置过程中必须对其位置进行仔细审查和控制。当滤波器未邻近电源连接器安装时，其布线可能会产生问题，这种问题需得到解决。

　　产生传导发射问题的其他原因则为元件的误用，如使用电解电容器对 200kHz 以上的频率进行滤波，把铁氧体作为线性电感铁心使用，以及相信地不存在噪声而不对中线或电源回线进行滤波。

　　另外一个产生传导发射问题的原因是，如果分立的滤波器模块的

安装位置太远离电源线的进入位置或滤波器的输入导线和输出导线太
邻近，这样则会有效地旁路掉滤波器，射频噪声电流因而将会出现在
电源线上。有关这方面更详细的内容见 5.5 节。

不推荐在单根电源线上使用铁氧体，尤其是在交流电源线上。任
何大的电流都很容易使铁氧体饱和。在交流电源线上，当电流从正变
为负，铁氧体在正半周期进入饱和，然后在负半周期又再次进入饱
和。此过程会产生显著的阻抗变化，增加了电源线上噪声和发射的
产生。

为了代替铁氧体，可使用能工作在大电流条件下的磁性材料。对
于这种类型的电感器，铁粉和其他磁性材料都能起到很好的作用。

当用作共模扼流圈时，铁氧体为理想材料。应记住的是，在低频
时发射可能为差模而不是共模，对于低频能量的减小，共模电感器的
作用不大。

## 5.4　在实验室进行传导发射故障排除

当进行商业试验（如 FCC、VCCI、CE）时，传导发射使用的是
50μH 的阻抗稳定网络（Line Impedance Stabilization Network，LISN），
水平接地平面位于产品下方 80cm 处，垂直耦合平面位于产品后部
40cm 处，如图 5.2 所示。作为这两个接地平面的一种替换方法，也
可以使用单个接地平面，其位于产品下方 40cm 处。LISN 与接地平面
进行搭接。

然而，如果你想要对传导发射进行多次试验验证，以作为实验室
期间核查的一部分，那么使用垂直接地平面不会显著地影响核查
结果。

推荐在相同的电源线上通过使用电流探头对在 LISN 上测得的传
导发射结果进行评估。通过这种方式，当产品返回到自己的公司后，
就可以利用自有设备进行评估，但此时已知道在实验室中使用电流探
头测得的电流发射的基准线。

如果产品在送到符合性实验室之前，认为将会存在传导发射问

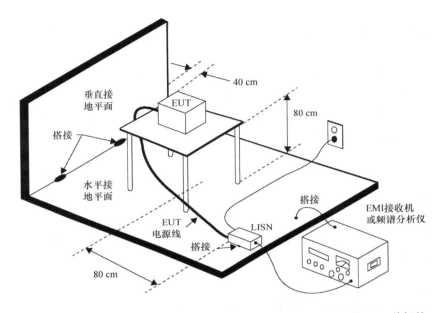

图 5.2　按照标准 CISPR11/CISPR22 传导发射试验的典型试验配置（一种好的
做法是在 LISN 和频谱分析仪之间接入瞬态抑制器以避免频谱分析仪灵敏
输入端产生瞬态效应，见图 5.10）

题，且打开产品进行修改比较困难，那么使用具有分立滤波元件的外
置电路板将是很有帮助的。这可以通过加在电源线上或通过使用具有
一对辫型电源线的试验电路板得到实现：一种是插入到产品的电源输
入中；另外一种是放置在电源插头中。应记住的是，在系统的布置阶
段处理寄生问题是非常重要的。避免滤波器的输入和输出太过接近。

　　**注意**：这些滤波元件带电且具有裸露的电。如果使用这种外置电
路板的方法，那么就会存在严重的电击危险。若对如何正确处理高压
电路还不熟悉，则不要使用这种方法。

　　一种可供选择的方法是给受试产品串联附加的滤波器。标准电源
输入滤波器模块通常具有连接导线，其能很容易地被接入到产品的电
源电缆和电源输入连接器之间。快速检查滤波器的放置位置也被证明
是非常的有用（见下面内容），但有时在自己的设施中使用实际的解

决办法可能会更好。

在偶尔的情况下，若符合性实验室的试验布置存在问题，那么得到的结果将不准确。此外，并不是所有实验室都会花时间去验证它们测量结果的准确度。一种好的做法是使用一个已知的噪声源（通常为屏蔽壳体内的开关电源），首先对其进行测量得到测量结果，并将这种测量结果作为已知数据。随后的测量数据与之进行比较，便可对试验设施和试验布置进行快速检查。美国 Com – Power 公司和其他公司制造的标准传导发射源也正好用于此目的，如图 5.3 所示。

图 5.3　用于试验布置验证的简单传导发射源

## 5.5　在自己的设施中进行故障排除

除非有大量的时间来使用符合性试验设施，否则通常最好的做法是在自己的设施中进行详细的故障排除，花时间系统性地对问题进行隔离。进行大量的预符合性试验也能很好地了解产品通过符合性试验的概率。图 5.4 所示的简化试验布置可用于进行整体故障排除。

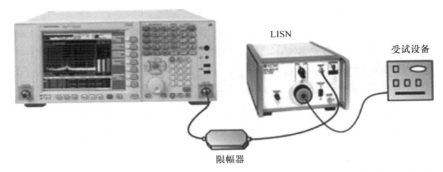

图 5.4　这种简化的布置并没有严格按照标准进行配置，但用于故障排除是足够了

## 5.5.1　电路和滤波器

随着频率的增加，滤波器周围耦合噪声的产生也可能随之增加。这就是为什么滤波器的放置位置及其设计非常重要的原因。其放置位置必须非常靠近连接器和产品上的穿入点。如果滤波器的放置位置不当（即放置位置远离输入电源的连接器），如图 5.5 所示，那么就会使大量能量又耦合给已滤波的电路。分立滤波器还存在另外一个问题，如果输入和输出导线捆扎在一起，如图 5.6 所示，那么噪声电流将会旁路掉滤波器。如果这些被耦合的电路没有经过附加的滤波就离开外壳，它们将向外辐射从而产生问题。

此外，如果设备的外壳为塑料或为开放式的框架，或者如果设备具有非导电的外壳，那么极好的滤波和电路布线是非常关键的。

对传导发射进行滤波的电容器应为陶瓷电容器或其他高频类型的电容器，应通过 UL、CSA 或其他类似认证的安全评级。电解电容器和钽电容器在传导发射的频率范围内带宽不够，因此并不有用。

钳在电缆上的铁氧体被称为"念珠"的原因：将它们钳在电缆上，祈祷着能起作用。如果它们真能起作用，那么就可以使用，并且它们可能是最合适的解决办法。使用具有较高磁导率 $\mu_i$ 的铁氧体，其通常能工作在较低的频率。使用内直径最小的铁氧体，使其能刚好钳住导线，这样做的原因是它能较好地耦合磁场且其阻抗要比具有较大开口的铁心的高。

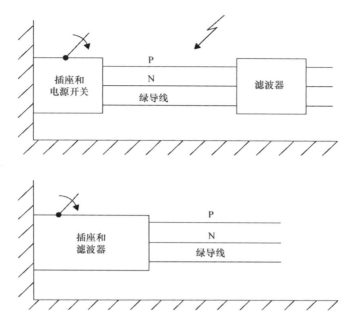

图 5.5 电源滤波器的正确安装位置为电源线进入产品壳体的地方

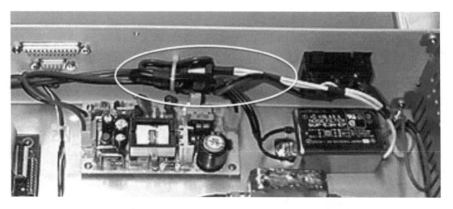

图 5.6 分立滤波器的输入和输出导线捆扎在一起的示例
（高频时这基本上会短路掉滤波器）

对于大多数 10MHz 以上的传导发射，铁氧体的磁导率通常小于 1000 才有效。同时应指出，由于钳式铁氧体固有的空气间隙，对于磁场会产生阻抗，从而减小了有效电感，因此使用实体的铁氧体比钳式铁氧体能得到更好的效果。实体的磁芯铁氧体更易于饱和，但其并不存在有效电感减小的问题，因此能提供较大的阻抗。

## 5.6　特殊情况和问题

对于许多传导发射问题，使用电容器是成本最低和最佳的解决办法：

- 极化电容器和一些使用某些电介质的电容器，其带宽有限。它们对于高频能量的抑制并不是很有效。陶瓷电容器价格便宜，且几乎都具有很宽的带宽。
- 交流电源线上不能使用极化电容器。它们不能承受负的电压摆幅，会被完全击穿。
- 注意额定电压值。应确保电容器的额定电压值要超过交流信号的峰值，不仅仅是超过有效值。同时，它们必须能够经受住高压或过压试验。
- 线线之间的电容器对于减小差模能量非常的有效。然而，当这种电容器被放置在整流器电路的交流侧时将会增加泄漏电流。如果可能时应考虑将它们放置在直流侧。
- 对于线电压使用的所有电容器都必须具有电介质击穿的安全评级（如具有 UL、CSA 的认证标志）。

为了抑制传导发射，可能需要使用电感器为电容器提供串联阻抗。如下问题需要考虑：

- 所用电感器的类型都非常的重要。开放铁心类型电感器的效果不如环形铁心电感器。这是因为开放铁心类型电感器产生的磁场不受控制。当这些磁场不受控制时，它们会将能量耦合给周围的电路。通过将干扰信号注入给电路的无噪部分，这将会有效地旁路掉滤波器。
- 所用材料的类型也非常的重要。考虑如下几方面：

- 对于差模噪声，使用线性电感器，在电路的每个支路上使用一个独立的电感器。差模电感器应使用粉末铁心或其他磁导率低的材料。用于电源的电感器，避免使用铁氧体作为铁心。铁氧体更易于饱和，并不是很有效，饱和和不饱和状态的变化实际上会产生噪声。

- 对于共模噪声，使用共模绕线电感器。与大多数的其他材料相比，使用铁氧体时每匝能提供较高的阻抗。由于一条电线中的电流将与其邻近电线中的返回电路相抵消，因此绕线的共模类型避免了铁心的饱和。

- 在所考虑的频率范围内使用正确类型的铁氧体。对于传导发射问题，其考虑的是低频，最佳材料为使用原始磁导率大于 2000 的锌锰材料（MnZn），而对于辐射发射问题，通常使用的最佳材料为磁导率小于 1000 的镍锌材料（NiZn）。要确保铁氧体材料的阻抗能覆盖所要解决问题的频率范围。铁氧体材料更详细的信息见本书附录 E。

## 5.7　自己动手做的技巧和低成本工具

一种简单的故障排除技巧是为受试产品串联附加的滤波器。标准的电源滤波器模块具有连接导线，使得其能很容易地被插入到产品的电源电缆和电源输入连接器之间。应确保对焊接接头进行了绝缘处理，如图 5.7 所示。应尽力把滤波器的外壳与受试产品的金属外壳进行搭接。

工程师们将会发现利用自己的手段进行传导发射测量也是非常的有帮助。正如前面所述，至少可以使用自制的电流探头或商用电流探头钳住电源电缆测量高频谐波，然后与符合性试验设施中得到的数据进行比较。更准确的方法是使用自制的 LISN 或购买的 LISN 进行测量。

为了使 LISN 能正确工作，它们必须端接 50Ω。如果没有端接 50Ω，那么 LISN 在大约 300kHz 以下具有低阻抗，过了此频率后其将具有非常高的阻抗。仅当端接 50Ω 时，LISN 实际上才具有其应有的作用。

一些制造商所售的 LISN 并不贵。图 5.8 给出了在电源线和受试产品之间连接的典型 LISN。开关用于把相线或中性线连接到 50Ω 输

图 5.7　外置的电源滤波器可以很快地插入到受试产品和电源线之间
（为了实现好的滤波效果，应使用铜带把滤波器的外壳与产品的屏蔽壳体
相搭接。要确保连接端子进行了很好的绝缘处理）

出端口，该输出端口用于连接频谱分析仪。强烈推荐在 LISN 和频谱
分析仪的灵敏输入端口之间串入瞬态限幅器，如图 5.10 所示。通常
情况下，当改变 LISN 的相线/中性线切换开关或受试产品的电源通断
时会产生高压瞬态。这些瞬态将出现在 LISN 的输出端口，会破坏频
谱分析仪灵敏的前端电路。当没使用瞬态限幅器时，在进行 LISN 的
相线/中性线切换或 EUT 电源的通断之前一定要将频谱分析仪和 LISN
的 50Ω 输出端口相断开。

　　如果没购买商用 LISN，一种可选方法是自己制作 LISN。图 5.9
给出了 LISN 的原理图。

　　测量传导发射的其他方法是自己购买或制作电流探头以监测电源
线上的射频噪声电流（见本书附录 D）。正如前面所述，把使用电流
探头测量得到的结果与 LISN 测量得到的结果相比较，可为故障排除
提供基准线。

图 5.8　典型的低成本商用 LISN（ETS – Lindgren）

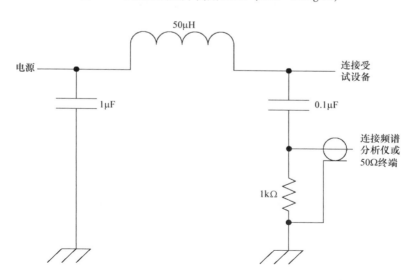

图 5.9　一个 50μH 电感器和两个电容器构成的简单 LISN 电路原理图

图 5.10　典型的瞬态限幅器［用于当相线/中性线进行切换或 EUT 的电源进行通断时防止 LISN 产生的开关瞬态进入到频谱分析仪的灵敏输入端（Com – Power）］

## 5.8　典型的解决办法

传导发射问题通常与开关电源、在产品里的位置及电源连接器和被供电的装置之间的相关电缆有关：

- 安装质量较好的交流电源滤波器或直流电源滤波器。
- 增加附加的滤波。
- 电源电缆进行重新走线，把滤波器的输入线和输出线之间的交叉耦合减至最小。
- 指定另外一家供应商，保证其能提供满足 EMI 限值的电源。

滤波器的设计及有关概念的详细解释见本书附录 E。

# 第6章 辐射敏感度

## 6.1 概述

一项重要的 EMC 符合性试验，是确定外部的射频场是否会对产品产生影响。这项试验通常也称为辐射抗扰度或辐射敏感度试验。对于商用产品，该项试验依据的标准为 IEC 61000 – 4 – 3。试验的频率范围通常为 80 ~1 000MHz。具体数值取决于产品所处的环境或其实际使用的环境，施加的场强电平范围为 3 ~20V/m。

该试验是在半电波暗室内进行的，使用宽带天线在受试产品的方向上辐射射频场强。使用半电波暗室的目的，是避免对其他通信业务的干扰。一些军用、车辆或航空与航天标准，要求施加的场强为 200 ~1000V/m，试验频率上限到 18GHz 或更高。

对于商用产品的试验，射频信号通常为 1000Hz 的正弦 AM 调制，调制深度为 80%；对于军用和航空与航天试验，通常使用调制频率为 1kHz 的方波或持续时间很短（持续时间小于整个脉冲时间的 1%）的脉冲调制。这种调制设计用来对音频整流问题进行试验（或对于军用试验，模拟的是雷达脉冲干扰）。例如，如果射频信号通过半导体节或在音频或其他模拟电路中进行整流，那么低频调制可能会引起偏压混乱或会破坏敏感的模拟电路。

## 6.2 辐射敏感度检查清单

在大多数情况下，用于辐射发射的检查清单也同样适用于辐射敏感度。这么做的理由是产品上向外产生辐射的天线振子（电缆及外壳上的缝隙）也能作为接收天线，能把射频场传输给产品，并且能潜在地引起干扰或甚至使系统重启。

- 电缆的屏蔽层与外壳或屏蔽壳体搭接得不好。
- 使用软辫线端接电缆屏蔽层。
- 屏蔽面板之间的外壳或壳体搭接得不好。
- 视频/LCD 具有大的孔缝。
- I/O 或电源电缆的滤波不好。
- 关键电路处的射频旁路不够充分，如 CPU 的复位线或模拟输入或传感器输入。

## 6.3 典型的失效模式

辐射敏感度试验所用的能量能产生很多问题。可能会受到影响的一些方面总结如下：

- 系统重启
- 模拟或数字电路受损
- 显示屏上出现错误读数
- 数据丢失
- 数据传输停止、变慢或中断
- 高误码率（High Bit Error，BER）
- 产品的状态发生改变（如模式、时序）
- 测量中引入噪声
- 测量系统或接收机系统（无线电接收机）灵敏度的丧失

## 6.4 在符合性实验室进行故障排除

在大多数情况下，辐射敏感度的故障排除程序与辐射发射的相同。首先，应确定敏感度是否可能是由电缆作为天线或是由外壳或壳体上的泄漏产生的。

当施加射频场时，由于考虑到强的射频场对试验人员健康的影响，可能不允许在暗室内进行故障排除，因此预期要多次进出暗室。

这并不是一个高效的过程。

- 盘绕电缆。用导线把电缆捆起来。由于电缆可能会成为拾取能量的天线，如果使其物理尺寸尽量小，则能够有效地减少所接收的能量。如果这样做有效的话，那么拾取能量的天线可能为电缆，然后再去寻找特定的接收电缆。

- 用铝箔包裹整个产品，确保壳体上的缝隙被覆盖严实，允许电缆进出壳体。如果产品仍敏感，那么极可能是电缆作为天线。如果电缆具有屏蔽层，尽可能用铝箔包裹电缆的屏蔽层，使用导线带将铝箔与电缆的屏蔽层进行搭接。

- 通常应检查电缆屏蔽层与外壳或壳体是否进行了好的搭接。在理想情况下，电缆的屏蔽层应与屏蔽壳体进行 360°的搭接。尽可能在所有的电缆上加装铁氧体扼流圈，且它们在所关注的频率范围内至少能提供 200Ω 的阻抗。然后，每次再移走其中的一个，直到识别出作为接收天线的接收电缆。如果电缆阻抗（不加装铁氧体时）在 100 ~ 200Ω，铁氧体通常并不起作用，但这是一种有效和快速的试验方法。

- 如果屏蔽层使用软辫线与外壳进行端接，应使用铝箔围绕连接器把软辫线与其包裹起来；使用导线带把铝箔与屏蔽层进行搭接；使用导线带或铜带把铝箔与连接器进行搭接。

- 壳体或外壳的所有部分应彼此进行很好的搭接。使用近场探头检查缝隙、孔径和间隙的发射泄漏。虽然磁场探头可用于检查缝隙或间隙上的泄漏，但由于在缝隙或间隙上存在大的电场电位差，电场探头可能更为灵敏些，因此更适合用于此检查。如果发现了泄漏，使用铜带封住它。并且，应确保所有的紧固件是紧的。

- 确保所有的缝隙是干净的，且在缝隙上具有低阻抗的搭接。必须去除所有油漆或非导电的涂层。应尽可能地确保在缝隙的长度上电接触是连续的。

- 当使用铜带和铝箔覆盖缝隙或开口时，应确保铜带和铝箔与外壳金属的直接接触，而不是被放置在油漆或非导电的涂层上。金属若不与外壳或信号的返回参考平面进行搭接，通常并不能对所处的区域进行屏蔽，实际上还会引起更多的问题。它会与噪声电缆和电路产生的能量耦合，与没有使用该金属时相比，能进行更为有效的辐射。

## 6.5 在自己的设施中进行故障排除

如果在符合性实验室进行故障排除后还存在问题，那么最有效的方式是在自己的设施中进行继续故障排除。通常更快速的做法是，在产品上选择某些位置使用电平可控的射频源进行注入以识别敏感点。当在工作台上不能实现所要求的电场试验电平时，可通过在射频发生器上连接一个小环天线，然后在电缆或电路附近进行辐射，就能很容易地发现敏感电缆或电路上的敏感部分。工程师们也会发现，环天线需要使用很多匝才能提高产生场的能力。射频发生器能产生至少 +15 ~ +20dBm 的输出是最好的，否则将需要增加一台功率为 10W 或更大的宽带放大器。如果使用的是商用探头，一定要确保它能承受这种大功率的电平。对射频发生器的附加要求是，能产生 1kHz 调制深度为 80% 的调幅信号。

理想情况下，对于所有的 I/O 端口及直流电源或交流电源都应进行适当的滤波。对于 I/O 端口（如 USB、以太网），通常应使用为这些端口设计的共模扼流圈或滤波器。否则，I/O 电缆或电源电缆能将射频能量完全地传输进电路。

在符合性试验设施中，通过使用铝箔，可以确定是电缆的问题还是壳体的问题。

如果敏感频率在 200、300MHz 以下，那么电缆可能作为天线，把噪声耦合给设备。一旦怀疑有敏感电缆，可使用如下方法：

- 逐一移去电缆以确定是哪条电缆或哪组电缆产生了问题。
- 在电缆上尽可能接近产品连接器的地方加装铁氧体扼流圈。
- 在任何可疑的输入或输出端口上加装简单的低通 RC 滤波器。串联电阻的典型值为 47 ~ 100Ω，输入和信号或电源返回路径之间的电容器的典型值为 1 ~ 10nF。
- 如果可能的话，使用大电流注入探头（设计用来把功率注入给端口的电流探头）钳在可疑电缆上，注入探头与射频源进行连接。

如果使用了上述这些方法，电缆不存在问题，那么可能就是外壳或壳体的泄漏：

- 确保所有的壳体紧固件是紧的。
- 使用铜带封住可疑的缝隙。确保铜带与外壳金属在多处相接触。

## 6.6　特殊情况和问题

具有灵敏模拟前端或其他低电平模拟电路的设备对外部的射频场尤为敏感。如果模拟信号为低频（小于1MHz），则应尝试着在输入（或灵敏放大器的节点）和信号返回路径之间连接 1~10nF 的电容器。对于非常高阻抗的输入，这种做法将不起作用，但仍是一个很好的故障排除试验方法。在某些情况下，可能需要把电容值大幅度减小，使其小于100pF。对于运算放大器，可在正输入端和负输入端之间连接100pF 的电容器。

尤其要检查与任何系统线或 CPU 复位线相关的电路。这些线通常应使用 1~10nF 的电容器对噪声源进行滤波，并将其旁路到信号返回路径。有时在并联电容器的前端串联 100Ω~1000Ω 的电阻器作为低通滤波器的一部分。

## 6.7　自制的技巧和低成本工具

一种非常好的故障排除技术是使用射频发生器，并将其与小的环形电场探头或磁场探头相连接，如图 6.1 所示。这种系统能产生强的射频场（能达到10V/m 或更大），然后用它在电缆、连接器或内部电路附近进行探测。需要使用某种方式，来监测产品的正常运行。在探测过程中注意产品受到的干扰。

如果小环探头对产品不够敏感，那么可以取一段较长的导线，将其绕成松的匝，然后与射频发生器相连，绕着或沿着每一条输入/输出电缆或电源电缆把射频能量更有效地耦合给产品。

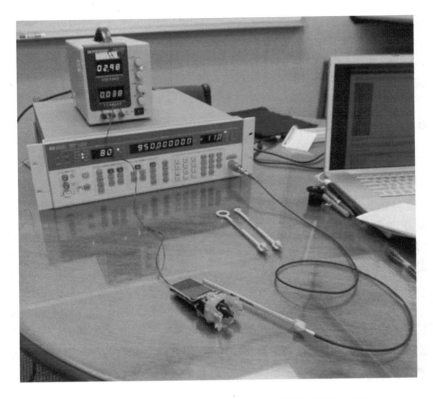

图 6.1　辐射敏感度的最佳故障排除配置之一是把射频发生器和小的
环形磁场探头相连（探头能很快地识别产品的敏感区域或敏感电缆。通过
调整发生器的频率和射频输出电平，可能很快地确定敏感区域）

在最坏的情况下，可能需要使用 10～20W 的宽带功率放大器以
增加发生器的射频输出。对于电缆试验，正如上述所提到的，可以使
用大电流注入探头。也可以使用简单的偶极子天线，如电视兔耳天线
或自制的偶极子（由两段导线构成，每段近似为 1/4 波长），偶极子
天线一侧的振子与同轴电缆的屏蔽层相连，另一侧的振子与同轴电缆
的中心导线相连。

**注意**：应指出的是，使用功率放大器或天线进行试验时应位于屏

蔽室内，目的是避免干扰已有的通信或广播业务。

备选的方法是返回到符合性试验设施中进行故障排除。

另外一种低成本的技术是，使用免照的便携式的家庭无线电服务（Family Radio Service，FRS）调频对讲机在产品的敏感区域附近进行发射，如图 6.2 所示。这些对讲机的发射频率近似为 465MHz，功率电平为 0.5W。当在限定的频率范围内，使用这种简单的工具可对许多射频敏感度问题进行定位并加以解决。

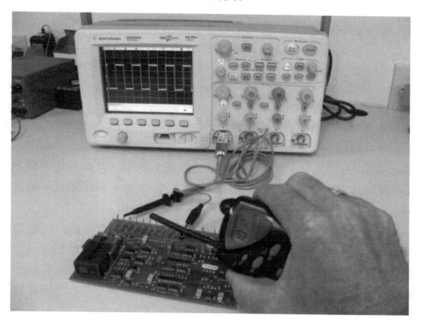

图 6.2　必要时可以使用低成本的和免照的 FRS 调频
对讲机对产品的不同区域发射射频信号

其他免照的工具包括便携式的民用频段无线电发射机和蜂窝［个人通信业务（Personal Communication Service，PCS）］移动电话。表 6.1 给出了几种主要的免照发射机，它们可在所选择的频段内用于辐射敏感度试验。通用移动无线电业务（General Mobile Radio Service，GMRS）发射机则需要执照。

**表 6.1 常用的发射机列表**（大部分是免照的，在某一
频段的辐射敏感度试验中用来模拟强射频场）

| 装置 | 近似频率 | 最大功率 | 距离为1m时的近似场强值（V/m） |
|---|---|---|---|
| 民用频段无线电发射机 | 27MHz | 5W | 12 |
| FRS 对讲机 | 465MHz | 500mW | 4 |
| GMRS 对讲机 | 465MHz | 1 ~ 5W | 5.5 ~ 12 |
| 3G 移动电话 | 830MHz/1.8GHz | 400mW | 3.5 |

当已知发射机的输出功率（W），可以用式（6.1）计算预期的场强电平（V/m）。表6.1给出了一些不同功率电平时产生的场强电平。

$$E(V/m) = \frac{\sqrt{30Pg}}{d} \tag{6.1}$$

式中，$P$ 为发射机的输出功率（W）；$g$ 为天线的数值增益；$d$ 为天线和试验点之间的距离（m）。

近期市面上销售一种价格较低且通过 USB 供电的小型射频发生器。美国 Windfreak Technologies 公司的型号 SynthNV（http：//www. wind-freaktech. com）的发生器就是这种，如图 6.3 所示。它具有幅度调制或脉冲调制功能。此射频发生器的频率范围为 35 ~ 4400MHz，步进为 1kHz，在 50Ω 的情况下能产生最大 +19dBm 的输出。

把磁场探头或电场探头与这种射频发生器的输出相连，就能探测产品 PCB 的内部区域，从而发现需要进行滤波或屏蔽的敏感区域，如图 6.6 所示。增加 1kHz 调制深度为 80% 的调幅的好处是，有助于发现音频整流问题（通常出现在模拟电路或低频电路中）。当半导体节作为检波器，对调制信号进行整流时就会出现这种问题，如引起运算发生器偏置电压的变化。

为了表征不同近场探头（电场和磁场）产生的预期电场电平，使用美国 ETS – Lindgren 公司的 HI – 6005 场传感器对近场探头产生的场电平进行了测量。这些近场探头由型号为 SynthNV 的射频发生器满功率输出（ +19dBm）进行驱动。

在 50 ~ 1300MHz 的频率范围内测量了美国 Beehive Electronics 公司的三个不同尺寸的磁场探头和美国 Com – Power 公司的一个磁场探头产生的电场电平，如图 6.4 所示。

图6.3　美国 Windfreak Technologies 公司的型号为 SynthNV 的射频发生器
（通过 USB 供电，频率范围为 35~4400MHz；它也能按照 IEC 61000-4-3 产生
1kHz 的调幅射频输出；Windfreak Technologies 公司授权使用）

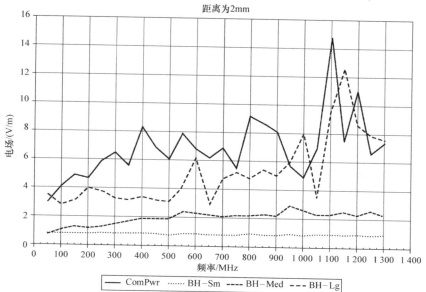

图6.4　四个磁场探头产生的电场电平（BH 代表 Beehive Electronics，
三个探头尺寸分别为大尺寸、中等尺寸和小尺寸；Beehive 的大尺寸探头
和 Com-Power 的探头似乎都可以谐振到 1 000MHz 以上）

正如所预期的，由于电场探头基本上为短的单级天线，它们没有太有效的 LC 谐振，因此，美国 Beehive Electronics 和 Com‐Power 公司的电场探头的响应要平坦一些，如图 6.5 所示。

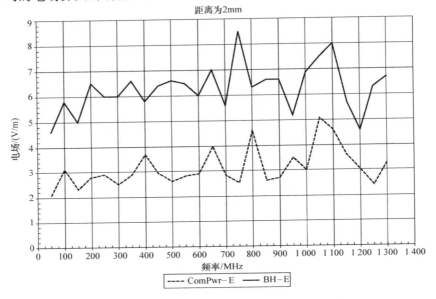

图 6.5  测得的 Com‐Power（下曲线）和 Beehive（上曲线）的电场探头产生的电场电平与频率之间的曲线（电场探头产生的电场电平要比磁场探头产生的平坦）

近场探头的优点是场电平随着距离的增加而快速地减小，能很容易地对电路上的独立部分进行评估以确定精确的敏感区域，且不用担心会干扰通信业务。

另外一种好的宽带噪声源为抖动继电器，它能产生至少到 1GHz 的强发射。此外，由于这种发射为脉冲型的，因此通常具有非常高的峰值幅值。这很好地复现了实际工作中会产生的问题。照明开关和设备的电源开关是常见的产生这些脉冲能量的源。

一些标准中实际上规定了抖动继电器，如 SAE J1113‐12（车辆 EMC 标准）和 DO‐160（飞机 EMC 标准）。使用具有重负载触点的

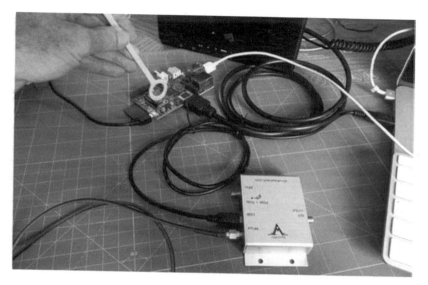

图 6.6　使用美国 Windfreak Technologies 公司的 SynthNV 评估 Raspberry PI
的嵌入式处理器（经过辐射试验没有出现任何问题）

AC120V 或 DC12/24/28V（对于用户为较安全的电压）的继电器可以
很容易地制作抖动继电器。

　　要制作一个抖动继电器，导线绕制的线圈需通过常闭（NC）继
电器的触点之一，使得继电器瞬间动作直到触点打开，然后又再闭
合，重复此过程，如图 6.7 所示。一旦继电器上电，你就会明白它为
什么被称为抖动继电器。

　　由于继电器的线圈上和与触点相连的导线上都存在较大的电感，
一旦电流开始在系统中流动，那么电感就会阻止这种流动。当触点断
开时，触点之间会产生非常高的电压直到出现电弧放电，见式
（6.2）。这将以脉冲群的形式持续很短的时间直到继电器线圈中磁场
能量耗尽。可以让线圈和触点之间的导线长些以作为天线。这种导线
可以用来缠绕设备的壳体和不同的电缆。产生的电压取决于继电器绕
组的电感，对于大多数继电器，此电压可高达 1000V。

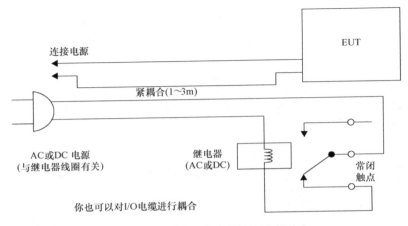

图 6.7　简单抖动继电器的示意图

$$V = -L\frac{\mathrm{d}I}{\mathrm{d}t} \qquad (6.2)$$

式中，$V$ 为产生的电压；$L$ 为继电器的线圈电感；$\mathrm{d}I/\mathrm{d}t$ 为继电器电流相对于时间的变化。

　　如果你想限制产生的最大电压，那么可在继电器线圈上跨接两个背对背的稳压二极管。应该对每条电源电缆和 I/O 电缆进行这种试验以检查潜在的敏感度。图 6.8 给出了所需要的制作抖动继电器的元件。

　　图 6.9 给出了抖动继电器与短天线紧耦合时产生的发射（上面一条曲线）在频谱分析仪上的截屏。可以看出，在约 1GHz 以下平均幅值近似为 75dBμV。直线对应的电平为 85dBμV。图中下面一条曲线为环境噪声电平。两条曲线都为峰值保持模式。

　　**注意**：这种场是不可控的，其电平相当的高。我们发现了很多对此非常敏感的产品，当距离线圈 20ft 时还会受到影响。

　　最后一种可能的宽带噪声源为 Dremel 工具。它能产生非常强的干扰，其频率范围超过 500MHz。图 6.10 给出了测得的这种工具产生的噪声。手持这种工具接近 PCB 或电子电路可发现敏感区域。大多数的数字逻辑电路不易受这种噪声的影响。

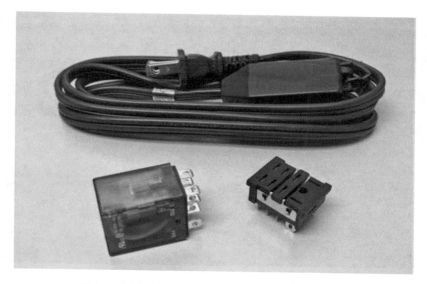

图 6.8 制作简单抖动继电器的元件（由于继电器的
触点最终会烧坏，建议使用继电器插座）

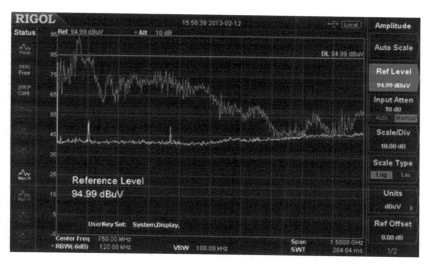

图 6.9 频谱分析仪检测出抖动继电器位于短天线
附近时产生的发射及环境噪声电平

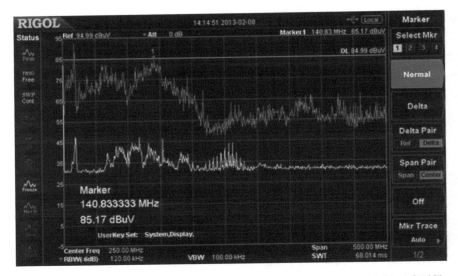

图 6.10 Dremel 工具产生的发射（下面一条曲线为使用折叠的兔耳电视天线测得的环境噪声电平。上面一条曲线为手持工具接近天线时测得的发射电平。峰值为 85dBμV，为比较高的电平。与手持发射机相比，这种宽带噪声源能在较宽的频率范围内进行试验。手持工具接近 PCB 能发现许多敏感的区域）

## 6.8 典型的解决办法

• 在可疑电缆上加装铁氧体是最快的办法，通常也是最先想到的办法。你可能需要在所有电缆上都加装铁氧体，直到能确认是那条或那组电缆产生了问题。一定要确保这些铁氧体的放置位置尽可能地靠近产品的 I/O 连接器或电源连接器。

• 确保外壳或壳体没有产生泄漏。可能需要增加紧固件的数量。壳体也可能需要附加的射频衬垫。

• 可能需要使用低通滤波器。好的出发点是在信号线上串联47～100Ω 的小电阻，同时在信号线与信号返回线或电源返回线之间使用 1～10nF 的电容器。如果可能，滤波器一定要使用最短的线缆。如果滤波器直接安装在 PCB 上，高频时最好使用表面组装的。

- 可能需要在对外部射频场敏感的内部电路节点（典型情况为 CPU 的复位线）上，跨接 1 ~ 10nF 的电容器。一定要验证所加的电容不会影响信号质量。

- 对于 I/O 线，使用表面贴装的数据线铁氧体共模扼流圈通常是最佳的解决办法。

- 确保电缆的屏蔽层正确端接，尤其是对于 200MHz 以下的问题。有关这个方面更详细的信息见本书第 4 章。为了快速解决问题，先露出电缆的屏蔽层，同时确保连接器是导电的或连接器的四周与外壳相连接。然后，取一块大的铝箔，完整地包裹电缆，如果可能的话，多包裹几层。使用导线带把铝箔与屏蔽层紧紧地搭接。如果可能的话，连接器或外壳进行同样的处理。

- 如果出现问题的频率非常高（即 500MHz 及以上），那么这可能是由外壳引起的。如果产品较小，可使用铝箔包裹整个外壳。如果产品较大，确保壳体之间的连接处是干净的并且要清除掉连接处的油漆或涂层。可能需要使用铝箔覆盖缝隙，但这种控制方法通常并不是很起作用。

- 沿着产品外壳布置电缆，在输入端口附近布置的任何导线一定要远离这些端口。这种问题通常是由能量的交叉耦合产生的。把敏感电路与发射能量的导线隔开，是一种经济的解决办法。

# 第7章　传导敏感度

## 7.1　概述

　　一项重要的 EMC 符合性试验是，确定外部的低频辐射场是否会通过 I/O 电缆或电源电缆耦合进入产品。这项试验通常被称为传导抗扰度或传导敏感度。对于商用产品，该项试验依据的标准为 IEC 61000 - 4 - 6。试验的频率范围通常为 0.15 ~ 230MHz，所取频率取决于产品所处的环境或其实际使用的环境。施加的电压电平的有效值为 1V、3V 或 10V。一些军用、车辆或航空与航天标准，要求施加的电压电平更为严酷。对于商业试验，射频信号通常是调制频率为 1kHz 的正弦 AM 调制，调制深度为 80%。对于军用和航空与航天试验，通常使用调制频率为 1kHz 的方波脉冲调制。这种调制设计用来对音频整流问题进行试验。例如，如果调制信号在音频或其他模拟电路中进行整流，那么它可能会引起偏压混乱，或者会破坏敏感的模拟电路。由于在电波暗室内很难在上述频率重复产生均匀的场，因此可以使用不同的手段将射频信号直接耦合给产品的 I/O 电缆或电源电缆。对于商用产品，该试验通常仅对电源电缆或长度大于 3m 的 I/O 电缆（如以太网）适用。

　　对于军用和航空与航天系统，我们已经发现，当低频源距其某一距离时，照射的区域将非常大（整艘船，整架飞机）。因此，数十米和数百米的导线布线将成为很好的天线。由于准确进行这种试验需要巨大的电缆长度和试验距离，因此此试验不能在电波暗室中进行复现。然而，我们发现了大约 1.5mA 的电流能产生 1V/m 电场的关系并加以使用。因此，依据辐射敏感度标准中的限值，传导敏感度标准中的限值通常是按照 1.5:1 的比例得到的。但对于 500kHz 以下的频率，限值开始衰减，因为在此频段内，船只和飞机将成为电短的（它们成为差的天线）。

## 7.2　传导敏感度检查清单

在大多数情况下，用于辐射敏感度和传导发射的检查清单也同样适用于传导敏感度的检查。这是因为接收外部射频能量的耦合振子（电缆和外壳缝隙）通过交叉耦合或在抑制感应能量的滤波器失效时能将这些场传导进产品。不管能量是流入还是流出受试设备，其他试验也都会经历相同的问题。

- I/O 或电源电缆的滤波不好。
- 电缆的屏蔽层与外壳或屏蔽壳体搭接得不好。
- 屏蔽体之间的高阻抗搭接。
- 视频/LCD 显示屏具有大的孔缝。
- 关键电路处的射频旁路不够充分，如 CPU 的复位线。

## 7.3　典型的失效模式

正如在辐射敏感度章节中所表明的，这种试验产生的感应信号能导致很多问题，总结如下：

- 系统的重启
- 模拟或数字电路受损
- 显示屏上出现错误读数
- 数据丢失
- 数据传输停止、变慢或中断
- 高误码率（BER）
- 产品的状态改变（如模式、时序）
- 开关电源受到破坏

## 7.4　在符合性实验室进行故障排除

当施加射频场时，由于考虑到强的射频场对试验人员健康的影响，可能不允许在暗室内进行故障排除。注入导线的射频电流的再辐射还会产生射频场，因此预期要多次进出暗室——这并不是一个高效的过程。

用于其他问题（如传导发射和辐射敏感度）的解决办法，在这里也同样适用。由于能量通常注入给特定的导线和非屏蔽线，因此可能的问题是受试线的输入滤波器的质量。这种滤波器的研究、放置位置及元器件的质量应是解决问题的第一步要关注的。与滤波器有关的大多数概念见本书第5章。

然而，能量能耦合给屏蔽线，或者通过受试线能交叉耦合给相邻的导线或电缆。对于其中任何一种，首先应确定产品出现的敏感是否是由电缆作为天线或外壳（或壳体）上的泄漏产生的。

如果电源线的滤波设计不好，那么电源线能把射频能量传导进产品。对于这种情况，应在电源线和受试产品之间加装外置的电源线滤波器模块。

## 7.5　在自己的设施中进行故障排除

如果在符合性实验室进行故障排除后还存在问题，那么最有效的方式是在你自己的设施中继续进行故障排除。

当试验不合格进行故障排除时，你应该已经知道受试设备在哪些频率是不合格的，然后仅在这些频率进行试验以更快地发现出现问题的区域。然而，当对受试设备进行了某些整改解决了存在的抗扰度问题，你还应在试验的整个频率范围内重新进行试验。这么做的原因是你所做的整改有可能使原来存在的问题又将出现在别的频率上。

由于受试产品最终结构配置中的寄生电感和寄生电容对电路的射频特性有着显著的影响，因此应尽可能地复现符合性试验时的试验布置和受试产品的最终结构配置（如屏蔽、接地、靠近金属物体或金属结构）。最好在试验文件中记录符合性试验时试验布置的所有细节（试验照片是非常有用的）。

由于电流探头能很容易地钳住受试电缆，如图7.1所示，因此使用电流探头的大电流注入（Bulk Current Injection, BCI）是一种有用的试验方法。航空与航天、军用和汽车行业喜欢使用这种技术，在某些 EMC 标准里是一种规定的试验方法，如 IEC 61000 – 4 – 6、MIL – STD – 461、民用飞机 EMC 标准 DO – 160、汽车 EMC 标准 SAE J1113 – 4 和 ISO 11452 – 4—1995。

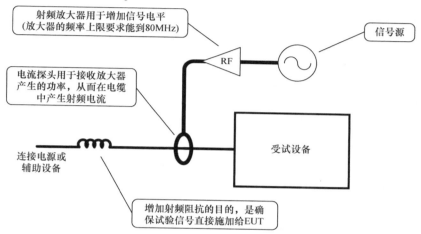

图 7.1  传导抗扰度试验的简化试验布置（图中所示阻抗为大的铁氧体扼流圈或用电缆绕了多圈的环形铁心）

通常更快速的做法是，在产品上某些位置用电平可控的射频源进行注入，以识别敏感点。如在工作台上不能实现所要求的射频注入试验电平时，可在射频发生器上连接一个钳式电流探头，你将能发现敏感的电缆。

射频发生器能产生至少 +15 ~ +20dBm 的输出，是最好的。射频发生器的附加要求是能产生 1kHz 的调制深度为 80% 的调幅信号。否则，将需要增加一台功率为 10W 或更大的宽带放大器。整体试验布置如图 7.1 所示。

**注意**：如果使用功率放大器，你必须使用射频 BCI 探头。这种探头从设计上，允许输入较大的功率电平。如果你使用商用探头，一定要确保其能承受这种大功率的电平。大多数设计用来检测小射频电流的电流探头并不能承受这种大功率的电平。虽然，某些电流探头包含低功率的内部电阻，用它来控制探头的阻抗。但是，这些电阻不仅不能承受注入的功率，而且还会吸收输入给探头的功率，使得注入信号非常的小。如果要使用这类电流探头，射频功率最好小于 100mW（+20dBm）。当使用功率放大器时，这种试验也应在屏蔽室内进行，以避免干扰其他通信系统。

理想情况下，所有的 I/O 端口及直流电源或交流电源都应进行适当的滤波。对于 I/O 端口（如 USB、以太网），通常应使用为这些端口设计的共模扼流圈或滤波器。否则，I/O 电缆或电源电缆会将射频能量完全传输进你的电路。

在符合性试验设施中，通过使用铝箔，你应可确定出是电缆的问题还是壳体的问题。

一旦你怀疑有敏感电缆，可使用如下方法进一步解决：

• 逐一的对电缆进行试验以确定是哪条电缆或哪组电缆产生了问题。

• 在有问题的电缆上尽可能接近产品连接器的地方加装铁氧体扼流圈。

• 确保电缆屏蔽层与屏蔽壳体进行了很好的搭接。

• 在任何可疑的输入或输出端口上加装简单的低通 RC 滤波器。串联电阻的典型值为 $47 \sim 100\Omega$，输入和信号或电源返回路径之间的电容器的典型值为 $1 \sim 10nF$。

• 对于没有屏蔽壳体的产品，你可能需要在 PCB 上使用共模扼流圈或夹式铁氧体扼流圈。

## 7.6  特使情况和问题

具有灵敏模拟前端或其他低电平模拟电路的设备，对外部的射频场尤为敏感。如果模拟信号为低频（小于 1MHz），则应尝试着在输入（或灵敏放大器的节点）和信号返回路径之间连接 $1 \sim 10nF$ 的电容器。对于非常高阻抗的输入，这种做法将不起作用，但其仍是一个很好的故障排除试验方法。在某些情况下，你可能需要把电容值大幅度减小，使其小于 100pF。对于运算放大器，你可在正输入端和负输入端之间连接 100pF 的电容器。

另外，特别要检查的是，与任何系统线或 CPU 复位线相关的电路。这些线通常应使用 1～10nF 的电容器对噪声源进行滤波并将其旁路到信号返回路径。有关滤波器更详细的信息见本书附录 E。

## 7.7  自己动手的技巧和低成本工具

一种非常好的故障排除技术是使用射频发生器，并将其与电流探头相连接，电流探头可用于钳住每根受试电缆，如图 7.2 所示。当对

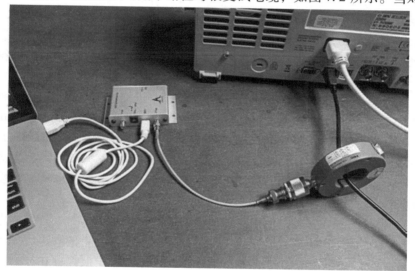

图 7.2  传导敏感度的最佳故障排除布置之一是把射频发生器与电流探头相连或与受试电缆紧耦合的导线大环相连（探头或导线环能很快地识别产品的敏感区域或敏感电缆；通过调整发生器的频率和射频输出电平，可能很快地确定敏感区域；图中，美国 Windfreak 公司的型号为 SynthNV 的射频发生器设置为生成调制频率是 1kHz 调制深度为 80% 的调幅信号；电流探头和发生器一起使用时，一定要注意不要损坏电流探头）

电流探头施加最大功率时，一定要采取 7.5 节描述的措施。你需要使用某种方式来监测产品的正常运行。在电流注入的过程中注意产品受到的干扰。如果电流注入时受试产品没有产生任何问题，那可能是施加的功率不够。为了对此进行补偿，可将电缆在电流探头上多绕几圈。实际上，电缆在电流探头上的绕圈会将注入探头变得类似升压变压器。

如果电流探头不能使产品敏感反应，那么可以取一段较长的导线，将其绕成紧耦合的匝，然后与射频发生器相连，绕着或沿着每一条输入/输出电缆或电源电缆把射频能量更有效地耦合给产品。

在最坏的情况下，你将需要使用 10 ~ 20W 的宽带功率放大器以增加发生器的射频输出，并将其与商用的电流注入探头（不是用于检测小射频电流信号的电流探头）相连。

**注意**：应指出的是，使用功率放大器进行试验应在屏蔽室内进行，目的是避免干扰已有的通信或广播业务。备选的方法是返回到符合性试验设施中进行故障排除。

如果你没有实验室级的射频发生器，那么近期市面上销售一种价格较低且通过 USB 供电的小型射频发生器。这类发生器中就包括美国 Windfreak 公司的型号为 SynthNV 发生器（http://www.windfreaktech.com），如图 7.3 所示。此射频发生器的频率范围为 35 ~ 4400MHz，步进为 1kHz，在 50Ω 的情况下能产生最大 + 19dBm 的输出。它也具有幅度调制或脉冲调制功能。

另外一种办法是，使用抖动继电器（chattering relay）与产品的电源或 I/O 电缆产生紧耦合。抖动继电器能产生非常宽带的噪声，如图 7.4 所示。由于继电器的线圈上和与触点相连的导线上都存在显著的电感，一旦电流开始在系统中流动，那么电感就会阻止这种流动。当触点断开时，触点之间会产生非常高的电压直到出现电弧放电 ［见式 (7.1)］。这将以脉冲群的形式持续短时，直到继电器线圈中磁场能量耗尽。可以让线圈和触点之间的导线长一些，以用作天线。该导线可以用来缠绕设备的壳体和不同的电缆。产生的电压取决于继电器绕组的电感，可高达 1000V。

图 7.3　美国 Windfreak 公司的型号为 SynthNV 的射频发生器
（通过 USB 使用，频率范围为 35 ~ 4400MHz；它也能按照传导抗
扰度标准 IEC 61000 - 4 - 6 产生 1kHz 的调幅射频输出）

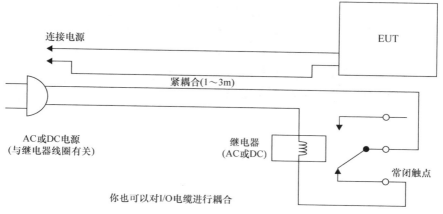

图 7.4　利用抖动继电器测试（作为一种替换方法，可以使用抖动继电器对
受试电缆进行耦合；抖动继电器作为宽带噪声源）

$$V = -L \frac{\mathrm{d}I}{\mathrm{d}t} \qquad (7.1)$$

式中　*V*——产生的电压；

　　　*L*——继电器的线圈电感；

　d*I*/d*t*——继电器电流相对于时间的变化。

如果你想限制产生的最大电压，那么可在继电器线圈上跨接两个背对背的稳压二极管。应对每条电源电缆和 I/O 电缆进行这种试验以检查潜在的敏感度。图 7.5 给出了抖动继电器的典型输出波形。

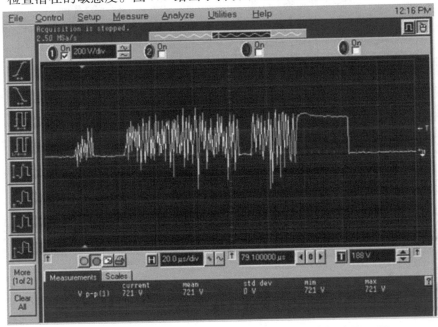

图 7.5　抖动继电器的典型输出波形（在这种情况中超过了 700V；
电压取决于线圈的电感，继电器线圈产生的输出电压可高达 1000V）

**注意**：这种场是不可控的，其电平相当的高。我们发现了很多对此非常敏感的产品，当距离线圈 20ft 时还受到影响。因此进行这种试验要格外地小心。

## 7.8　典型的解决办法

- 在可疑电缆上加装铁氧体是最快的，通常也是最先想到的办法。你可能需要在所有电缆上都加装铁氧体直到能确认是那条或那组电缆产生了问题。一定要确保这些铁氧体的放置位置尽可能地靠近产品的 I/O 连接器或电源连接器。

● 确保外壳或壳体没有产生泄漏。可能需要增加紧固件的数量。壳体也可能需要附加的射频衬垫。

● 可能需要使用低通滤波器。好的出发点是在信号线上串联47 ~ 100Ω 的小电阻，同时在信号线与信号返回线或电源返回线之间使用 1 ~ 10nF 的电容器。如果可能，滤波器一定要使用最短的线缆。如果滤波器被直接安装在 PCB 上，高频时最好使用表面贴装的。一定要确保这种串联阻抗不会影响信号完整性。如果影响的话，需要减小串联阻抗的值。

● 可能需要在对外部射频场敏感的内部电路节点（典型情况为 CPU 的复位线）上跨接 1 ~ 10nF 的电容器。一定要验证所加的电容器不会影响信号质量。

● 对于 I/O 线，使用表面贴装的数据线铁氧体共模扼流圈通常是最佳的解决办法。

● 一定要确保滤波器位于线缆进入产品壳体的进入点。与连接器有一定距离（可能小到几个英寸）的任何滤波器，都会与敏感电路产生交叉耦合，从而引起敏感度问题。

# 第8章 电快速瞬变脉冲群

## 8.1 电快速瞬变脉冲群（EFT）试验

照明开关、继电器的抖动或电动机起动都会在电源线上产生高频瞬态和脉冲［如电快瞬变脉冲器（Electrically Fast Transient，EFT）］，这些瞬态通常以脉冲群的形式出现。如果受试产品电源线的滤波不够充分，那么其会对产品产生干扰。本章重点讲述 IEC 61000 - 4 - 4 中的 EFT 试验，但这些概念适用于所有的高频瞬态问题。

这种试验的试验脉冲施加在电源线和参考接地平板之间，重复的脉冲群如图 8.1 所示。对于长度大于 3m 的 I/O 电缆（如以太网电

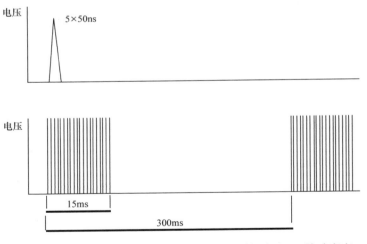

图 8.1 EFT 的试验脉冲（单个脉冲的上升时间为 5ns，脉冲宽度为 50ns；每个脉冲群由 75 个单个脉冲组成，每 300ms 重复一次；对于每个电压试验等级，试验时至少施加 1min）

缆）、信号电缆或数据电缆，通常也要使用容性耦合夹进行试验。对
于这种试验，几类性能判据可能是可接受的，性能判据的分类详见
EFT 试验的标准 IEC 61000 - 4 - 4。受试产品的数据丢失、系统的重
新启动或损坏通常则认为是试验不合格，EFT 试验的试验等级见
表 8.1。

表 8.1　EFT 试验的试验等级①

| 等级 | 峰值 | | | |
|---|---|---|---|---|
| | 电源端口 | | I/O、信号、数据和控制线 | |
| | $V_{OC}$/kV | $I_{SC}$/A | $V_{OC}$/kV | $I_{SC}$/A |
| 1 | 0.5 | 10 | 0.25 | 5 |
| 2 | 1 | 20 | 0.5 | 10 |
| 3 | 2 | 40 | 1 | 20 |
| 4 | 4 | 80 | 2 | 40 |

① 合适的试验等级取决于设备的类别及设计所用的环境。$I_{SC}$ 为开路电压除以 50Ω 阻抗
得到的估计值。

## 8.2　EFT 检查清单

在大多数情况下，受试产品出现的 EFT 问题是由滤波不充分产生
的。对于适用于较低频率（如浪涌和传导发射）的滤波器，即使具有
很强的滤波作用，由于其布局的问题和附近的交叉能量耦合，因此也
可能在 EFT 产生的骚扰频率范围内不起作用。一些原始设备制造商
（Original Equipment Manufactures，OEM）电源也会存在滤波不充分的
问题。I/O 线、信号线和数据线 EFT 试验的不合格，通常是由连接器
端口缺少滤波或缺少瞬态抑制而导致的。

- I/O 连接器外壳和产品壳体之间的搭接阻抗不够小。

- 电缆屏蔽层与外壳或屏蔽壳体的搭接不正确或搭接阻抗太大。
- 电源线进入点或电源处的滤波不充分。
- 信号线、数据线、所有类型的输出线和所有互连电缆的滤波不充分或缺少瞬态防护装置。
- 关键电路处射频旁路不够好，如 CPU 的复位线。
- 既然 EFT 为高频现象，那么外壳不正确的屏蔽、受试线与其他线缆的交叉耦合噪声或各种寄生效应都可能会产生问题。

# 8.3  典型的失效模式

由于 EFT 产生的主要为高频（即射频）问题，那么与辐射敏感度试验相比，受试产品出现的失效模式是相似的，但又与辐射敏感度试验中出现的不完全相同：

- 系统的重新启动。
- 系统死锁。
- 模拟或数字电路受到破坏。
- 显示屏上出现错误读数。
- 数据丢失。
- 数据传输停止、变慢或中断。
- 高误码率（BER）。
- 产品的状态改变（如模式、时序）。
- 电路受到破坏。

# 8.4  在符合性实验室进行故障排除

在大多数情况下，EFT 的故障排除程序和与传导敏感度的相同：

- 通常检查电缆的屏蔽层与外壳或壳体是否搭接良好，理想情况下，它应与壳体的屏蔽层进行360°的搭接。
- 确保所有 I/O 连接器的外壳与 EUT 的壳体进行360°的搭接。这是最经常出现的问题之一。

● 电源线已进行滤波（或滤波效果不好）？如果没进行滤波或滤波效果不好，那么可以加装一个外置的电源线滤波器，如图 8.2 所示。

图 8.2　使用外置电源线滤波器可以对 EUT 进行较好快速的滤波（使用铜带、金属带或夹子将滤波器的壳体与 EUT 的壳体进行搭接；应记住搭接要求的是金属与金属之间的接触；油漆或其他涂层会使滤波器与产品的壳体搭接的不好）

● 在 EUT 和 EFT 发生器之间插入一个标准的电源线浪涌防护器。这需在电源线上增加金属氧化物压敏电阻（Metal Oxide Varister，MOV）或其他瞬态电压抑制器（Transient Voltage Suppression，TVS）。使用时一定要确保这些防护器的额定电压满足线路电压的要求，如图 8.3 所示。

图 8.3  常用的浪涌抑制器是加装到电源线上的 MOV 装置
（插入到 EUT 和 EFT 发生器之间）

## 8.5  在自己的设施中进行故障排除

如果在符合性实验室进行故障排除后还存在问题，那么最有效的方式是在你自己的设施中进行继续故障排除。由于 EFT 通常都是随机出现的，如果不使用某些形式的 EFT 模拟器，那么要进行故障排除则是很困难的。尽管使用 ESD 模拟器在某种程度上能够模拟 EFT（详见8.7 节），但通常更有效的做法是租借一台 EFT 发生器，然后以 100V 或 500V 的步进给 EUT 注入可控的 EFT 电压以识别存在的问题。当施加 EFT 时，需要对电压脉冲和所产生的电流脉冲进行阻止或转移（或者两种方式都使用）。电感器或铁氧体扼流圈可阻止 EFT 电流，而电容器或瞬态防护器可对电流进行转移。理想情况下，EFT 电流应能直接返回到 EUT 外壳，从而旁路掉任何敏感电路附近的电流脉冲。转移或阻止电流的最佳位置为 I/O 端口或电源端口处。

理想情况下，所有的 I/O 端口及直流（DC）电源或交流电源都应进行合适的滤波。对于 I/O 端口（如 USB、以太网），通常应使用为其设计的共模扼流圈、瞬态防护装置或滤波器可解决出现的任何问题。否则，I/O 电缆或电源电缆能将所产生的 EFT 电流脉冲完全地传输进电路。

如果 I/O 电缆、信号电缆或数据电缆存在问题，则应考虑以下措施：

- 确保电缆屏蔽层与金属壳体进行了很好的搭接。
- 确保连接器外壳与金属壳体进行了很好的搭接。
- 在注入点和 EUT 之间接近 I/O 端口处加装外部铁氧体扼流圈。这能提供足够的阻抗以减小 EFT 的脉冲幅值和所产生的电流。
- 确保 PCB 以外壳作为参考地并尽可能在接近连接器处与外壳进行搭接。这通常能将电流脉冲转移到外壳而不会流过电路。
- 在所有信号线或电源线与 PCB 的信号返回路径之间加装电容器（1～10nF）。
- 在所有信号线和电源线的连接器处加装 TVS。
- 在所有信号线上加装共模扼流圈（为数据线所设计的）。应指出的是，大多数质量好的以太网连接器内部都有共模扼流圈。
- 在任何可疑的输入或输出端口处加装简单的低通 RC 滤波器（电阻为 47～100Ω，电容为 1～10nF）。注意，要验证滤波器不会影响信号质量。
- 如果连接器有未使用的插针，应把所有这些插针与 EUT 内部的壳体进行连接。浮地的插针会把辐射能量交叉耦合给其他电路，而与壳体搭接的插针能在连接器内部建立某种类型的屏蔽层。

如果 EFT 脉冲通过电源线干扰 EUT，则应考虑以下措施：

- 尽可能在接近产品连接器的电源线上加装共模铁氧体扼流圈。
- 加装外置电源线滤波器，如图 8.2 所示。
- 在相线和中线之间、相线和外壳或安全地之间，以及中线和外壳或安全地之间，加装瞬态电压抑制器（如 MOV）。一定要确保它们通过线电压的安全定级（UL、CSA、TUV 或等同的）。在 EUT 和 EFT 发生器之间插入标准的电源线浪涌防护器，可很快地模拟这种安装，如图 8.2 所示。

## 8.6 特殊情况和问题

对于没有金属壳体的产品或 EUT，EFT 抗扰度的设计会更加困难，但这种实现设计不是不可能的。我们应记住，EFT 抗扰度设计的概念是阻止或转移（或者两种方式都使用）任何 EFT 电流，以避免干扰或破坏敏感电路。由于 EFT 在某种程度上也具有辐射效应，因此辐射敏感度中的如下一些解决办法也是适用的：

- 最佳办法是在所有 I/O 连接器上加装瞬态抑制器，它可将电流脉冲转移到 PCB 的信号参考平面。一定要确保 PCB 的信号参考平面与外壳或金属平板进行了很好的搭接（见如下建议）。
- I/O 线加装共模扼流圈。如果共模扼流圈位于 EUT 的里面，可能需要将其放置在靠近 I/O 线进入设备的地方。
- 在电缆上非常靠近连接器处，加装铁氧体扼流圈，能减少一部分电流脉冲。
- 信号线到 PCB 参考平面之间设计电容器，或者更好的是在信号线到外壳之间设计电容器（1nF 或可能更小），能有助于转移 EFT 电流。这种电容器最好尽可能地靠近 I/O 连接器。一定要确保其不会滤掉这些 I/O 线上的有用信号或数据。
- 对于非屏蔽的产品，通过在 PCB 的下面增加金属平板（如铝箔、薄金属片）对 PCB 周围的 EFT 电流进行转移。这种金属平板应与所有 I/O 连接器的导电后壳及外壳进行连接。通过位移电流把 EFT 电流转移到大地。

通过软件设计也可能使产品对 EFT 产生固有的抗扰度：

- 不要使用无限的"等待"状态。
- 如果安装的话，使用"看门狗"程序让 EUT 重启。
- 使用校验位、校验和/或纠错码，以防止存储损坏数据。

- 一定要确保所有的输入为锁存的和选通的；不能为悬空的。

## 8.7　自己动手的技巧和低成本工具

　　一种非常好的（但仍然成本高的）故障排除技术，是购买或租借具有容性耦合夹的 EFT 模拟器。这种模拟器通常也可用于电源线的浪涌和跌落试验。在许多情况下，可在二手设备市场找到非常便宜的这种模拟器。

　　理想情况下，EUT 试验时应被放置在接地平板之上的支撑物上。详见 EFT 标准 IEC61000 - 4 - 4 的规定。

　　最好逐步增加试验电压，这样能确定与所要求的试验限值的余量。需要使用某种方式来监测产品的正常运行。在试验的过程中注意产品受到的干扰。

　　如果没有 EFT 发生器，那么可以使用 ESD 模拟器，将其设置为每秒产生 10 个或 20 个脉冲以近似代替 EFT 脉冲，如图 8.4 所示。用

图 8.4　设置为每秒能产生 10 个或 20 个脉冲的 ESD 模拟器
（可用来近似模拟 EFT 脉冲）

一段粗导线缠绕受试电缆大约 1m 后再盘绕起来，导线的一端与接触放电的尖端相连。另一端与模拟器的接地电缆相连。通过这种方式，脉冲可被耦合给电源线或 I/O 电缆。这种脉冲虽然与 EFT 脉冲很不同，但这种方式可以发现 EUT 中存在的薄弱之处。由于耦合因子的估计值为 0.5，需要对 ESD 模拟器的电压加倍[1]（也可见 http：//www.emcesd.com）。例如，对于 2kV 的 EFT 脉冲，ESD 模拟器应设置为 4kV。

另外一种低成本的自制模拟器为压电 BBQ 点火器，如图 8.5 所示。它的售价低于 10 美元，甚至购买时还给你带一段导线，这段导线可用来在受试电缆的周围绕成圈。这种点火器能产生上升时间为 100~500ps、电压为几百伏的振铃脉冲。

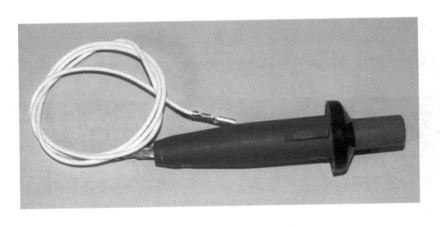

图 8.5　低成本的 BBQ 点火器（可用来耦合振铃脉冲串以模拟 EFT 瞬态）

成本最低和最有效的信号源为一种未抑制的常闭继电器。用于此目的最好使用直流继电器。当继电器使用导线与触点串联，其被通电时，触点打开，电路断开，触点也可以重新闭合。这是一种简单的蜂鸣器电路。该试验也称为抖振继电器试验，如图 8.6 所示。

由于继电器的线圈上和与触点相连的导线上都存在显著的电感，一旦电流开始在系统中流动，那么电感就会阻止这种流动。当触点断开

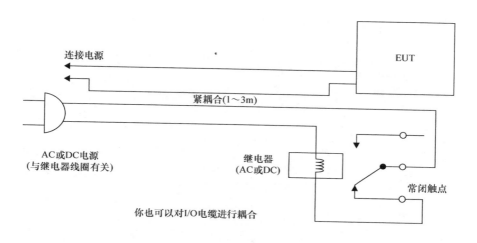

图 8.6　简单抖振继电器的示意图

时，触点之间会产生非常高的电压直到出现电弧放电［式（8.1）］。这将以脉冲群的形式持续短时，直到继电器线圈中磁场能量的耗尽。可以让线圈和触点之间的导线长一些，以用作天线或耦合变压器。这种导线可以用来缠绕设备的壳体和不同的电缆。产生的电压取决于继电器绕组的电感，可高达 1 000V。

$$V = -L\frac{\mathrm{d}I}{\mathrm{d}t} \tag{8.1}$$

式中　　$V$——产生的电压；

　　　　$L$——继电器的线圈电感；

　　$\mathrm{d}I/\mathrm{d}t$——继电器电流相对于时间的变化。

　　如果你想限制产生的最大电压，那么可在继电器线圈上跨接两个背对背的稳压二极管。应对每条电源电缆和 I/O 电缆进行这种试验以检查潜在的敏感度。图 8.7 给出了抖动继电器的典型输出波形。

　　**注意**：这种场是不可控的，其电平相当高。我们发现了很多对此非常敏感的产品，当距离线圈 20ft 时还会受到影响。因此进行这种试验要格外地小心。

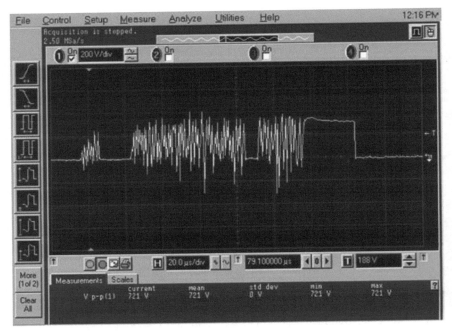

图 8.7　抖动继电器的典型输出波形（在这种情况中超过了 700V；电压
大小取决于线圈的电感，继电器线圈产生的输出电压可高达 1000V）

## 8.8　典型的解决办法

• 在可疑电缆上加装铁氧体是最快的，通常也是最先想到的办法。一定要确保这些铁氧体的放置位置要尽可能地靠近产品的 I/O 连接器或电源连接器。

• 对于 I/O 线、信号线或电源线，可能需要使用低通滤波器。开始时的好放法，是在信号线上串联 47 ~ 100Ω 的小电阻，同时在信号线与信号返回线或电源返回线之间使用 1 ~ 10nF 的电容器。如果可能，滤波器一定要使用最短的线缆。如果滤波器被直接安装在 PCB 上，高频时最好使用表面组装的。

• 可能需要在呈现敏感的内部电路节点上跨接 1 ~ 10nF 的电容器

（或 RC 滤波器），如到任何处理器的复位输入。

- 对于以太网电缆，一定要规定使用具有固有共模扼流圈（通常所用的术语为铁心）的连接器。

- 对于与内部 PCB 相连的所有 I/O 线和电源线，最终的解决办法是加装瞬态电压抑制器或共模扼流圈。PCB 需要尽可能在接近 I/O 连接器处以外壳作为基准。

- 对于非屏蔽壳体，增加一个金属平板，所有 I/O 和电源连接器的外壳应与它的一面进行连接。

- 如果问题出现在屏蔽线上，那么应确保屏蔽层在电缆两端与屏蔽壳体进行高质量的 360°的低阻抗搭接。

- 如果问题是由对电路的直接交叉辐射产生的，那么应使用铝箔完全地包住整个外壳。如果这样起作用，然后可以慢慢地剥掉铝箔直到问题再次出现。这样可以识别敏感区域的位置或外壳上产生了问题的缝隙或接合处。

- 沿着外壳布置电缆，在输入端口附近布置的任何导线一定要使其远离这些端口。能量的交叉耦合会产生问题，把敏感电路与产生这种能量的导线隔开是一种经济的解决办法。

- 一定要确保滤波器的安装位置靠近连接器。与其他试验一样，安装在线缆上的远端滤波器能让能量与敏感电路产生交叉耦合。

## 参 考 文 献

1. Ott, H., *Electromagnetic Compatibility Engineering*, Wiley, 2009.

# 第 9 章 静 电 放 电

## 9.1 静电放电（ESD）概述

一项重要的 EMC 符合性试验是确定外部的静电放电（Electrostatic Discharge，ESD）或由 ESD 产生的感应场、二次放电，是否会对产品产生影响。试验通常根据标准 IEC 61000 - 4 - 2 进行，可能的放电部位包括任何可接触的控制件、电缆连接器或其他可接触的金属件。放电电压为 ±4kV、±8kV或 ±16kV，具体数值取决于产品的使用环境或实际使用。对于这种试验，几类性能判据可能是可接受的，性能判据的分类详见 ESD 标准 IEC 61000 - 4 - 2，但受试产品的数据丢失、系统的重新启动或损坏通常则认为是试验不合格。在符合性试验中，ESD 施加在 EUT 的不同点上，同时观察其性能是否发生变化。

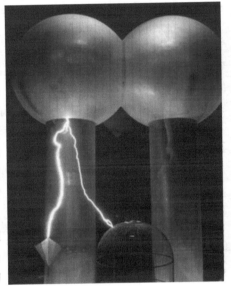

图 9.1　位于波士顿科学博物馆的世界上最大的范德格拉夫起电机（塔有两层楼高，能产生 12 ~ 15ft 的放电火花）

仅有导体会发生 ESD，而对绝缘体或抗静电材料则不会。如果存在裸露的金属，那么对此金属进行放电就会产生 ESD。如果不能阻止 ESD 电流瞬态，那么就必须控制放电电流的路径。

通常情况下，和尽力消除可能的放电相比，理解放电电流的路径并对其进行改变，是一种更实际的解决办法。如果已知 ESD 电流的注入点，那么确定电流离开产品的最可能的点将是很有帮助的。由于涉及高频（超过 1GHz），放电电流的一些路径可能是通过电容器而不是沿着导线。当尽力寻找 ESD 电流的可能路径时，通过认为电容器是短路的、导线是开路的，这有助于对电流路径的概念进行简化。

图 9.2 和图 9.3 给出了一个示例。常见的 ESD 进入点为 I/O 连接器的外壳，如 USB、以太网或串口。除非这些连接器的外壳与产品的屏蔽壳体进行了很好的搭接，否则 ESD 电流将直接进入到 PCB 上，从而使电路受到干扰或损坏。图 9.4 给出了典型的 ESD 脉冲，峰值电流超过 30A。

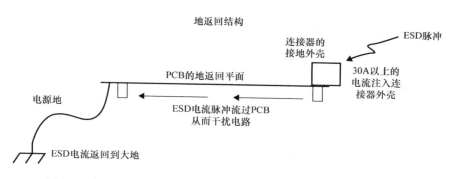

图 9.2  常见的 ESD 脉冲进入点为 I/O 连接器的接地外壳（ESD 电流
能达到 30A 或更大，上升时间小于 1ns；除非这种电流能被阻止或
转移，否则很可能会干扰内部电路）

对于一些低成本的产品，由于没有使用成本较高的屏蔽壳体，因此这会产生问题。在这种情况下，一种办法是增加金属转移平面，这可将电流转移至电源的安全地回路（见图 9.3）或通过对地电容泄放到地。

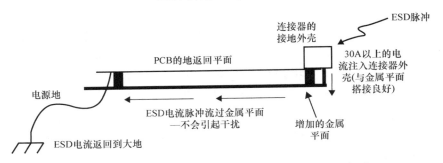

图 9.3　转移非屏蔽产品的 ESD 电流（对于非屏蔽产品，解决 ESD
问题的一种方法是建立转移路径，该路径由附加的金属转移平面组成；
ESD 电流将被转移至大地，从而避开内部电路）

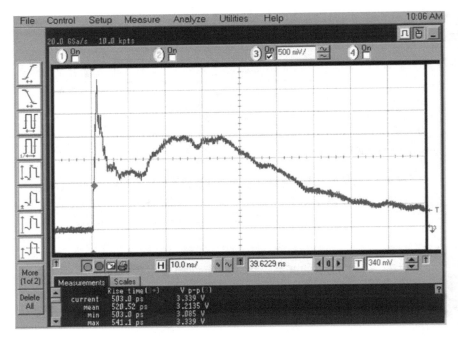

图 9.4　使用带宽为 6GHz 的示波器测得的一个
实际的 ESD 脉冲（典型上升时间大约为 500ps）

## 9.2 ESD 检查清单

在大多数情况下，辐射发射和 EFT 的核查清单也同样适用于 ESD，这是因为从产品向外辐射的天线振子（电缆和外壳缝隙）也能作为接收天线，将 ESD 产生的场传入产品，潜在地引起干扰，甚至使系统重启。此外，如果 I/O 连接器没有与金属壳体进行好的搭接，由于电流尽力返回到产生它的源，因此 ESD 电流能直接进入 EUT，从而使电路受到干扰或损坏：

- I/O 连接器外壳和产品壳体之间的高阻抗搭接。
- 电缆屏蔽层和外壳或屏蔽壳体的搭接不好。
- 屏蔽面板与外壳或壳体之间的搭接不好。
- 显示屏（视频/LCD）存在大的孔缝。
- 键盘下面没有接地网。
- I/O 电缆或电源电缆上的滤波不充分或瞬态防护装置使用不当。
- 关键电路处射频旁路不足，如 CPU 的复位线。

## 9.3 典型的失效模式

ESD 的失效现象有着独特的组合。一些失效与脉冲的射频效应有关，而其他失效则是由浪涌电流产生。ESD 会产生以下问题：

- 系统的重新启动。
- 模拟或数字电路受到干扰。
- 显示屏上出现错误读数。
- 数据丢失。
- 数据传输停止、变慢或者中断。
- 高误码率（BER）。
- 产品的状态改变（如模式、时序）。
- 电路受到破坏。

## 9.4　在符合性实验室进行故障排除

在大多数情况下，辐射敏感度、辐射发射和电快速瞬变脉冲群的故障排除程序也可用于 ESD 问题的故障排除。

- 通常检查电缆的屏蔽层与外壳或壳体是否搭接良好，理想情况下，它应与壳体的屏蔽层进行 360°的搭接。
- 确保所有 I/O 连接器的外壳与 EUT 的壳体进行 360°的搭接。这是最经常出现的问题之一。
- 壳体和屏蔽层要互相搭接好。确定所有紧固件都紧固好。
- 确保机箱上搭接处的涂层不会产生阻抗，否则会引起交叉耦合能量和泄漏。
- 确保不能与外壳进行良好搭接的连接器仍具有排流路径，这种排流路径能使能量和电流远离电路。
- 寻找与连接器连接的电缆屏蔽层然后与电路板相连，其可用于放电排流路径。这能将 ESD 电荷引至电路板的信号返回平面。如果这种电荷不受控制，则会产生显著的问题。如果存在独立的外壳平面，或者如果外壳平面的某一区域专门用作地平面，将是一个好的参考点。更详细的信息见 9.8 节。
- 孔缝、指示器，以及在外壳上会形成开口和可能暴露电子器件的任何部件，都必须具有能对 ESD 进行排流和安全转移的导电路径。例如，在装有敏感 LED 指示器的老计算机上，LED 上任何一侧的外壳都必须向外弯曲，以对静电进行转移和放电，从而保护 LED 电路。

## 9.5　在自己的设施中进行故障排除

如果在实验室进行故障排除后还存在问题，那么最有效的方式是在你自己的设施中继续进行故障排除。图 9.5 给出了根据标准 IEC 61000 - 4 - 2 制定的典型试验布置。通过在试验桌上放置一块薄金属板，然后在金属板与地之间的电缆上加装 2 只 470kΩ 的放电耗散电阻。为了实现故障排除的目的，这种试验布置进行了某种程度的简化。由于实际的 ESD 是非预期产生的，因此，如果没有某些形式的模拟器，要进行故障排除则是困难的。通常更快速的做法是在产品上选择某些位置注入可控的 ESD 电压以识别敏感点。当施加 ESD 时，需要对所产生的电流进行阻止或转移（或者两种方式都有）。电感器或铁氧体扼流圈可阻止 ESD 电流，而电容器或瞬态防护器可对电流进行转移。在理想情况下，ESD 电流能被直接返回到 EUT 外壳从而旁路掉任何敏感电路附近的 ESD 电流。ESD 电流进入 EUT 内部且使 EUT 受到干扰或破坏之前，转移或阻止电流的最佳位置为 I/O 端口或电源端口处。

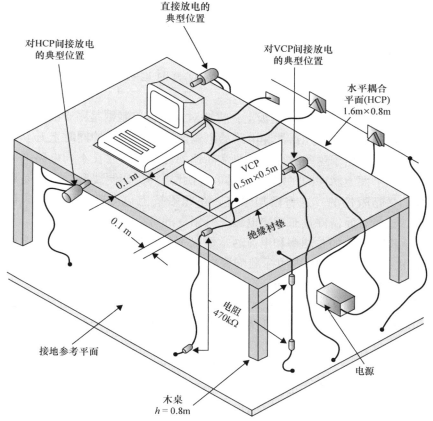

图 9.5　根据标准 IEC 61000 - 4 - 2 制定的典型 ESD 试验布置

在理想情况下，所有的 I/O 端口及直流或交流电源，都应进行合适的滤波。这包括让滤波器的位置尽可能地接近连接器。对于 I/O 端口（如 USB、以太网），通常应使用为其设计的共模扼流圈、瞬态防护装置或滤波器可解决出现的任何问题。否则，I/O 电缆或电源电缆能将所产生的 ESD 电流完全传输进电路。

应记住的是，当使用滤波器移走这种电流时，引线的长度将增加电感，从而降低滤波器的有效性。从滤波器的电容器到外壳的排流路径，应非常接近电容器，排流路径要宽甚至为平面以减小电感。

当 ESD 电流在印制线上流动时，它们能产生显著的电场和磁场。这些场能耦合进敏感电路，使其受到干扰。同时，由于导体的阻性和感性，这些电流能在平面上或印制线上建立电压梯度。如果电路或元器件以此平面作为参考且承受着从平面的一端到另外一端的电压梯度，那么它们会受到干扰。这种效应有时也被称为地弹（ground bounce）。

一旦 ESD 进入到电路板上，再要对其进行控制则是困难的。最佳的方法是确保所有元器件和电路的电位能随着电压脉冲同时上升和下降。然而，由于这些脉冲具有非常高速的性质，因此在不同电路的印制线和平面上脉冲的时序可能不同。除此之外，印制线和导体既是感性的又是阻性的。这将增加阻抗，在此阻抗上也会产生电压降，因此，让所有元器件具有相同电压上升幅度的努力是无法实现的。

ESD 产生的总功率和电流通常情况下是相当的小。滤波器通常可使用额定电压为 100V 的标准陶瓷电容器。TVS 二极管可用于限制电路或平面之间产生的电压。

当开始进行故障排除时，先使用低的 ESD 电压，如 500V 或 1 000V。施加脉冲给任何孔缝，或者任何操作人员可能触摸到的裸露金属。这包括所有屏蔽的 I/O 连接器的导电外壳。当觉得产品肯定不会出现问题时，可以以 500V 的步进增加 ESD 模拟器的电压直到规定限值。通常好的作法是，让试验电压超过规定限值以确定裕量。标准并不要求直接给连接器的插针施加脉冲，但取决于产品的实际使用（如有源示波器的探头），通常都是希望进行施加的。应识别所有施加

ESD 时产品会受到干扰的点。

如果敏感点为连接器的外壳，那么应尝试以下办法：

- 确保其与金属壳体进行了好的搭接。
- 检查可能会在连接器外壳和产品外壳之间产生阻抗的涂层或喷涂的油漆。
- 确保连接器的外壳件都是紧固的，每个外壳组件、盖子和部件之间具有低阻抗的路径。
- 确保外壳与保护地或 ESD 发生器的返回路径进行了正确的连接。对于较小的外壳，如果没有与大地进行正确连接，则金属结构可能无法完全地消除电荷。

如果怀疑是电缆把 ESD 电流耦合给了 EUT，那么应尝试以下办法：

- 尽可能在接近产品连接器的电缆上加装共模铁氧体扼流圈。
- 在任何可疑的输入或输出端口处加装简单的低通 RC 滤波器，串联电阻的典型值为 47 ~ 100Ω，与信号或电源返回路径之间的典型电容值为 1 ~ 10nF。
- I/O 线加装共模扼流圈。
- 数据线加装 TVS。如果仅用于 ESD，这些装置的额定功率可以非常小，但必须能非常快速地响应。许多装置是专门为 ESD 设计的。有关瞬态抑制装置更详细的信息见本书第 10 章。

如果不是电缆产生的问题，但可能是外壳或壳体泄漏，会在 EUT 内部产生二次放电或高能量的场，那么应尝试以下办法：

- 确保所有的壳体紧固件都是紧固的。
- 使用铜带密封可疑的缝隙。
- 在泄漏缝隙和内部电子元器件之间增加附加的隔离。
- 在泄漏缝隙和内部电路之间增加内部屏蔽体，并将其与外壳地进行直接连接。

如果 ESD 通过键盘进入，那么应尝试以下办法：

- 在按键和键盘的 PCB 之间增加内部屏蔽体并将其与外壳地进行直接连接。

● 可能需要在按键的附近和下面安装金属丝网、屏蔽体或导线网，当放电出现在这些地方时将被转移。

## 9.6 特殊情况和问题

对于没有金属壳体的产品或 EUT，ESD 抗扰度的设计有些复杂。应记住的是，ESD 抗扰度的设计概念是，在会导致任何元器件出现敏感的 ESD 电流路径上增加串联阻抗，以及在想让 ESD 电流离开产品的位置处增加低阻抗的转移路径。

● 最佳办法是在所有 I/O 连接器上加装瞬态抑制器，它可将电流脉冲转移至 PCB 的外壳平面。

● I/O 线加装共模扼流圈。

● 在电缆上非常靠近连接器处加装铁氧体扼流圈能减少一部分电流脉冲。

● 在信号线到 PCB 外壳平面之间或信号线到安全地导线之间接并联电容器（1nF 或 10nF），能有助于转移 ESD 电流。

● 确保 PCB 周围的 ESD 电流能被转移的一种非常好的方式是，增加金属平板（铝箔、薄的金属片等）。这种金属平板应与所有 I/O 连接器的导电外壳进行连接。ESD 电流将能从金属平板排回到大地。这样的示例如图 9.2 和图 9.3 所示。

通过如下的软件设计也可能使产品对 ESD 产生固有的抗扰度：

● 不要使用无限的"等待"状态。

● 如果有的话，使用"看门狗"程序让 EUT 重启。

● 使用校验位、校验和或纠错码以防止存储坏数据。

● 一定要确保所有的输入为锁存的和选通的，不能为浮点的。

## 9.7 自己动手的技巧和低成本工具

一种非常好的（但成本仍然高的）故障排除技术是拥有自己的 ESD 模拟器，如图 9.6 所示。在许多情况下，可在二手设备市场找到这种非常便宜的模拟器。ESD 标准要求进行空气放电试验（使用圆的放电头）和接触放电试验（使用尖的放电头）。

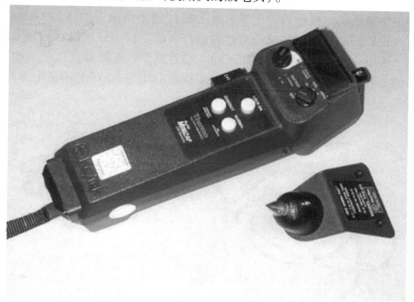

图 9.6　典型的商用 ESD 模拟器（带有接触放电头的 Thermo Keytek MiniZap）

　　在理想情况下，试验桌应放置在地面上的接地平面上，EUT 应被放置在试验桌上的薄塑料片上，塑料片下面为水平金属耦合平面。桌面上的水平耦合平面和接地平面之间的连接导线上串联两个 470kΩ 的电阻，其作用是逐渐放掉所累积的电荷。详细信息可参考 ESD 标准 IEC 61000 - 4 - 2。

　　空气放电试验是施加给任何裸露的金属的（如连接器、控制器、外壳）。ESD 模拟器充电，然后逐渐地靠近试验点（放电头垂直于外壳或 EUT），直到看见放电电弧。接触放电试验在相同的放电点上进行，放电头的尖端可以刺穿壳体的绝缘层。对于接触放电，需要按下按键或触发器施加放电。需要使用某种方式监测产品的正常运行。在试验的过程中注意产品受到的干扰。开始试验时先使用低电压（如 500V），然后以 500V 的步进提高电压，直到达到最大试验电压（通

常为 ±4kV 或 ±8kV)。

次于标准 ESD 模拟器的最佳 ESD 模拟器为简单的丁烷打火机,如图 9.7 所示。可以买一个带有开关能控制丁烷流量的 (如 Coleman 打火机) 或找一个旧的已没有燃料的打火机,按动打火机上的触发器能产生电火花,但不允许丁烷流动。通过测量,这种打火机产生的脉冲的上升时间为 100 ~ 500ps,能产生放电电压为 5 ~ 6kV 的多个脉冲。接地返回导线连接到大地。

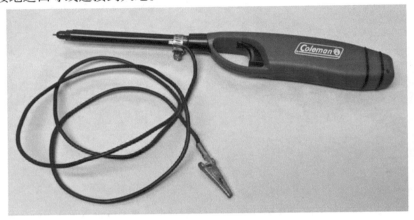

图 9.7　丁烷打火机压电产生的电火花可用作简单的 (但电压不可控的)
ESD 模拟器 (我们认为 Coleman 打火机是最佳的,这是因为其压电元器件能
被触发且不会释放丁烷,使用 Dremel 工具小心地剪去放电头附近的金属护罩)

另外一个较安全的模拟器为压电 BBQ 点火器,如图 9.8 所示。它的售价低于 10 美元,购买时还带一段导线。这段导线可绕成圈,用作辐射环。

Doug Smith[1] 使用几枚位于塑料夹层带中的硬币形成了一个简单的 ESD 发生器,如图 9.9 所示。在电路附近简单地摇动硬币将产生上升时间为 30 ~ 500ps 的强场。使用这种发生器可在产品附近进行试验或对裸露的电路板进行试验。

如果能够自然地检测所产生的 ESD,则该方法通常是很有用的。通过简单调幅广播当不调谐在电台频率时,就可实现这种检测,如图

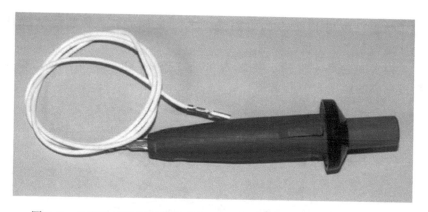

图 9.8　具有附加导线环的低成本 BBQ 点火器可用来产生强的 ESD 场
（手持着靠近电路板可进行强场抗扰度试验）

图 9.9　使用几枚位于塑料夹层带中的硬币能产生上升
时间为 30 ~ 500ps 的 ESD 强场

9.10 所示。通过增大音量，就能听见 ESD 产生的"喀呖"声。通过将"喀呖"声与 EUT 中的电路受到的干扰相关联，你将能够确认 ESD 是否是产生干扰的原因。

很多制造商（如3M，网址为 http：//www.mmm.com）也销售灵敏度更高的商用 ESD 检测器。

图9.10 低成本的调幅广播可作为很好的 ESD 检测器（将其调谐在非电台频率可检测 ESD 产生的"喀呖"声；Grundig Mini400 收音机也可以调谐在短波和 FM 广播频段）

## 9.8 典型的解决办法

很多方法都能阻止 ESD 电流脉冲或通过产品安全地返回系统将其转移到大地。串联装置，如铁氧体磁珠、共模扼流圈和小阻值的串联电阻器，可用于阻止或减小电流脉冲。并联装置，如电容器、反偏（取决于实际使用，或者为背对背）二极管、火花隙或气体放电装置，当跨接在数据线上时，可将大部分的 ESD 电流转移至外壳平面或安全地。如果使用了上述装置还有问题，那么主因是 R－L－C 存在的寄生参数，这些寄生参数应在电路中予以考虑。

对于外壳平面，并不需要其是一个完整的平面，也不需要其位于底层或中间层上。使用外壳平面最有效的方法之一是，在所考虑的连接器的某一侧的两个电路板安装点之间布置一条宽的印制线。这条印制线应搭接到这些安装点上。印制线应位于平面的顶层表面上且使其与连接器的插针保持安全距离（详见泄漏和电压击穿的安全要求）。对于所考虑的每个插针和每条印制线，应安装合适的瞬态抑制装置，其与外壳印制线之间的距离应非常短。这将会形成一条安全的和低阻抗的路径以泄放掉电荷。

一些制造商现在销售的小电容并联装置，可将大部分的 ESD 电流转移至大地，且不会影响数据线路的信号完整性。

• 在可疑电缆上加装铁氧体（在 50～1 000MHz 的频率范围阻抗至少为 200Ω）是最快的方法，通常也是最先想到的办法。可能需要在所有电缆上都加装铁氧体直到能确认是那条或那组电缆产生了问题。一定要确保这些铁氧体的安装位置尽可能靠近产品的 I/O 或电源连接器。

• 确保外壳或壳体没有产生泄漏。可能需要增加紧固件的数量。壳体也可能需要使用附加的射频衬垫。

• I/O 线、信号线和电源线可能需要使用低通滤波器。一开始可以在信号线上串联 47～100Ω 的小电阻，同时在信号线与信号返回线或电源返回线之间使用 1～10nF 的电容器。如果可能，滤波器一定要使用最短的线缆。如果滤波器被直接安装在 PCB 上，高频时最好使用表面贴装元器件。

• 可能需要在呈现敏感的内部电路节点上跨接 1～10nF 的电容器（或 RC 滤波器），如连接任何处理器的复位输入的电路。

• 对于与内部 PCB 相连的所有 I/O 线和电源线，最终的解决办法是加装瞬态电压抑制器（TVS），如图 9.11 所示。PCB 需要尽可能地在接近 I/O 连接器处与外壳进行好的射频搭接。

• 对于非屏蔽壳体，增加一个金属平板，所有 I/O 和电源连接器的外壳应与它的一面进行连接。

图 9.11　一些表面安装的 ESD 防护装置示例（设计用来把 ESD
电流转移至产品外壳返回路径）

对于高速数据线，可使用的两种最佳技术为陶瓷 ESD 装置和硅 ESD 装置。陶瓷防护装置的电容值非常小（大约为 0.05pF）、耐压非常高且寿命长。对于 8kV 的 ESD 脉冲，它们可将峰值电压限制到 300V，钳位电压为 40V。硅 ESD 装置的电容值稍大点，为 0.25pF。其优点是具有非常快速的开通时间，可将峰值电压限制到 50V 左右，钳位电压为 8～10V。硅装置的另外一个优点是可以被制造在多通道的封装内，这对于最新的具有六条数据线的 USB 3.0 连接器是很适合的。

一个例子是 Tyco Electronics 的表面安装硅 ESD 防护装置 SESD1103Q6UG－0020－090，它被安装在 USB 3.0 连接器的 6 条数据线的上部。对于 USB 1.0 和 USB 2.0 数据线，它有 2 条连接线，有一条较大信号的参考连接线。对于 USB 3.0 数据线，它有 4 条连接线。到参考点的并联电容仅为 0.2 pF，钳位电压为 9.2V。也可以考虑使用其他 TVS 供应商的产品。

# 参 考 文 献

1.　Smith, D., Expert ESD/EMC Solutions, http://www.esdemc.com.

# 第 10 章　浪涌和雷电脉冲的瞬态抑制

## 10.1　浪涌和雷电脉冲

浪涌和雷电试验中使用的脉冲类型包括，双指数脉冲和阻尼正弦波脉冲。在这两者之中，双指数脉冲的抑制是最难的。它的脉冲持续时间要比阻尼正弦波的长。此外，这两种脉冲都是非振荡的，当施加给元器件时，流过的电荷是单向的且不能进行放电，直到具有威胁的这种脉冲信号通过该元器件。

瞬态抑制装置的类型包括气体放电管、瞬态电压抑制器（TVS）、金属氧化物压敏电阻（MOV）、二极管、晶闸管和其他基本的滤波器件。

高能量脉冲与 EFT 或 ESD 脉冲的特性不同。EFT 或 ESD 脉冲被认为是射频信号或高频噪声，对它们进行抑制时通常并不要求使用能承受大能量的元器件。

高能量脉冲，在商业电子领域被称为浪涌，在军工和航空与航天电子领域被称为雷电脉冲或电磁脉冲（EMP），它们的上升时间和衰减时间都相对较慢。和其他脉冲相比，它们也具有较小的源阻抗。电压相同时较小的源阻抗能产生较大的电流电平。

为了简化起见，假设能量是由方波脉冲产生的。计算能量的公式如下：

$$E = Pt = VIt = \frac{V^2}{R}t \tag{10.1}$$

式中　$E$——能量（J）；

$P$——功率（W）；

$V$——峰值电压（V）；

$I$——峰值电流（A）；

$R$——电阻或阻抗（在本章中为阻抗，$\Omega$）；

$t$——脉冲持续时间（s）。

对于产生浪涌和雷电的源，其阻抗大约为 ESD 源和 EFT 源的 1/100，而脉冲持续时间大约为 ESD 源和 EFT 源的 1 000 倍。这导致浪涌和雷电脉冲产生的能量是 EFT 或 ESD 脉冲产生的能量的成千上万倍。

我们考虑下航空与航天电子领域中通常要求的最大能量的雷电脉冲之一：RTCA DO – 160 中第 22 部分的波形 5A。这种脉冲的波形如图 10.1 所示，被称为双指数脉冲，这种波形由下式产生。

$$V = kV_0 \left( e^{-\alpha t} - e^{-\beta t} \right) \tag{10.2}$$

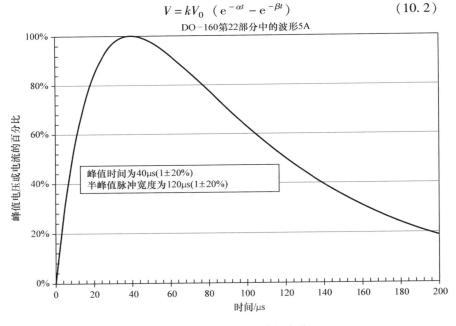

图 10.1  DO – 160 中的雷电波形 5A

为了建立这种波形，必须已知或推导出 $k$、$\alpha$ 和 $\beta$ 的值。对于图 10.1 所示的波形，使用的参数为 $k = 2.2782$、$\alpha = 12\ 458$ 和 $\beta = 44\ 500$。

一旦建立了这种公式，就可以推导出曲线下面的能量值。然而，必须已知试验电压和电流或必须知道发生器的试验电压和源阻抗。例如，对于这种波形等级 3（电压峰值为 300V，电流峰值为 1 000A 或源阻抗为 0.3Ω）的试验，脉冲的能量为 12.7J。

　　类似的，对于 IEC 61000 - 4 - 5 中的 1.2/50μs 的浪涌脉冲，如图 10.2 所示，源阻抗为 2Ω，试验电压为 1 000V 时的能量为 9J。

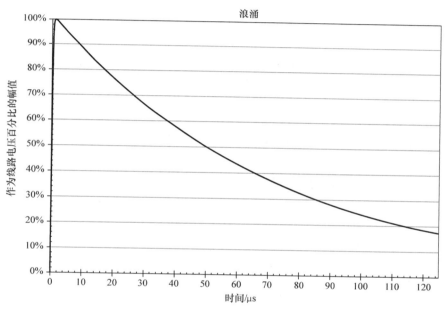

图 10.2　浪涌波形（IEC 61000 - 4 - 5）

　　用于控制这些脉冲的元器件必须能够承受高能量以避免被烧坏。瞬态抑制元器件的参数如果使用的不合适，那么最常见的失效机理是烧坏或过热。应指出的是，上述所给的脉冲能量值是单个脉冲的。对于 RTCA DO - 160，可能需要进行多次雷击试验，即在短时间（小于 2s）内施加一连串这样的脉冲。尽管这些试验是在较低的电压和较高的阻抗条件下进行的，但能量脉冲的重复施加能在一段时间内削弱元器件，从而导致其失效。此外，脉冲的快速施加也会使元器件过热，从而导致其失效。

我们需考虑的另外一个方面，是能量返回到何处。一些浪涌和雷电试验及脉冲源能产生相对于设备外壳的电压。为了保护电子元器件，第一级滤波中必须包括线路到外壳的瞬态保护装置。此外，从瞬态保护元器件到外壳的路径，必须短且应具有非常低的阻抗，必须能承受大电流。对于浪涌和雷电脉冲的抑制，已有很多设计方案。在这些设计方案中，大电流瞬态脉冲被导向外壳，路径的一部分可通过单个通孔。试验脉冲以更强劲的方式施加时，如果第一级滤波不起作用的话，通孔通常也会失效。

对于商业领域，试验标准为 IEC 61000 - 4 - 5，试验脉冲如图 10.2 所示。我们可看出，脉冲为 1.2/50μs 的电压波形，其产生的能量小于 DO - 160 中的 5A 脉冲。然而，对于保护元器件，和 DO - 160 中的 5A 脉冲相比，1.2/50μs 的电压波形需要的额定能量较低，但所用保护元器件几乎是相同的。

## 10.2　浪涌的核查清单

一定要记住以下与浪涌有关的几个方面：

- 了解所用标准。需要满足哪种试验电平和波形？
- 了解脉冲的能量。通常，瞬态抑制元器件的制造商能帮助确定试验脉冲的能量。
- 尽管瞬态抑制元器件并不必是第一级元器件，但一定要确保它们靠近连接器放置。在能量到达敏感元器件之前，必须受到控制。但通常情况下，能量在到达电路板之前不必受到控制。
- 对于瞬态，其返回路径非常的重要。把能量从受试线转移至某些返回路径，转移路径必须具有低阻抗且必须能够承受所产生的大电流。单个通孔作为返回电流的路径是不合适的，在试验的过程中将会失效。同时，一定要确保为能量设置的路径是脉冲的实际返回路径。如果脉冲被放置在电源和孤立的外壳之间，那么脉冲想要走从电源到其返回路径将是不可能的。

## 10.3　典型的失效模式

冒烟通常是某些元器件已损坏的第二种表现。产品单元产生的爆裂声也是将要损坏的表现，通常出现在冒烟之前。一定要注意所用元器件的设计，其损坏时为开路。否则，当元器件损坏时，其会产生从电源线到返回路径或外壳的短路。

损坏的原因是由于瞬态抑制器的额定电压不合适或其安装位置不当。重要的是，要知道试验脉冲的总能量，然后选择合适的元器件与之相匹配。对于较高电平的试验，和其他输入滤波器元器件相比，这些瞬态抑制元器件的封装尺寸可能相当大，因此对其进行安装可能是一种挑战。

## 10.4　在符合性实验室进行故障排除

在符合性实验室进行故障排除有时是困难的。一种建议是构造一个输入滤波器的试验电路。这样的电路可能是其上面安装了抑制元器件的简单试验电路板。这种试验电路板作为独立装置进行试验。这种试验可与其他要进行的试验同时进行。例如，在符合性实验室先进行辐射发射试验，在当天试验结束后的空闲时间里，花 30 分钟利用浪涌试验设备对输入滤波器进行确认。如果能这样做的话，则避免了再花时间去租用实验室仅为了进行这种简单的试验。

一种故障排除技术是在 EUT 和浪涌发生器之间插入标准的电源线浪涌保护器。这将在相线和中线与外壳地之间增加 MOV。一定要确保MOV 的额定电压满足所用线电压的要求，如图 10.3 所示。如果这样做起作用的话，那么这些 MOV 应被增加在产品的设计当中。

设备上有时会没有安全地导线。在这种情况下，在电源到电源返回之间，最好仅使用一个抑制器。然后，设备必须与外壳进行很好的隔离，应进行电介质击穿或耐压绝缘试验以确保不存在从线路到外壳的浪涌击穿。

图 10.3　低成本的瞬态保护器可作为好的故障排除工具（在浪涌
发生器和受试单元之间插入瞬态保护器能模拟在相线和中线之间、
相线和外壳之间及中线和外壳之间增加 MOV 类型的瞬态抑制器；这种
瞬态抑制器在 AC 120V 下使用时能吸收可达 6 000V 电压的 900J 的能量）

## 10.4.1　浪涌与 EFT

本章前面已经讲述过，EFT 是一种非常高频的现象。通过辐射，它能很容易地与其他电路产生交叉耦合。浪涌是一种频率较低但能量较高的现象。它与其他电路很少发生耦合，且这种耦合通常在本质上为感性的。此外，由于都是大电流，浪涌通常更易受到阻性阻抗路径的影响，而 EFT 则是受到电感的影响。

## 10.5　在自己的设施中进行故障排除

如果在符合性实验室进行故障排除后还存在问题，那么最有效的方式是在你自己的设施中继续进行故障排除。由于正常的浪涌现象都是随机出现的，且通常发生在雷雨天气下，如果没有某些形式的模拟器来进行故障排除则是很困难的。通常更有效的做法是租借一台浪涌发生器，然后以 100V 或 500V 的步进给受试产品注入可控的浪涌电压以识别存在的问题。由于浪涌的能量非常高，因此最好的方式是将所产生的浪涌电流转移至外壳地。最佳的转移设备是为浪涌设计的 TVS 装置。这些装置通常都是很大的（非表面贴装的）。放置 TVS 装置的最佳位置为电源端口处（位于线路滤波器内）或板上的电源处。

如果浪涌脉冲通过电源线干扰 EUT，那么可在相线与中线之间、相线与外壳地之间和中线与外壳地之间加装额定瞬态电压合适的抑制器（如 MOV、TVS 二极管或气体放电管）。一定要确保它们通过线电压的安全定级要求（UL、CSA、TUV 或等同的）。有关瞬态抑制器的详细信息见本章 10.8 节。

在 EUT 和浪涌发生器之间插入标准的电源线浪涌防护器，可很快地模拟这种安装，如图 10.3 所示。

## 10.6　特殊情况和问题

对于没有金属壳体的产品或 EUT，浪涌抗扰度的设计更为复杂。一定想着在连接电源线的地方安装 TVS 装置。如果没有安全地线，那么所能做的是在相线和中线之间安装 TVS 装置。

## 10.7　自己动手做的技巧和低成本工具

一种非常好的（但仍然是高成本的）故障排除技术是购买或租借浪涌模拟器。这种模拟器通常也可进行电源线的 EFT、ESD 和电压跌落试验。在许多情况下，可在二手设备市场找到非常便宜的这种模拟器。

为了能达到商业标准的准确度，EUT 应被放置在地面上的接地平面上。对于商业产品的浪涌试验，更详细的信息可参考浪涌标准 IEC 61000 - 4 - 5。然而，如果使用接地平面进行试验很难复现所存在的问题，那么不使用接地平面仍可以很好地进行故障排除试验。

故障排除时最好逐步地增加试验电压，这样能确定与所要求的试验限值的裕量。需要使用某种方式来监测产品的正常运行。在试验的过程中注意产品受到的干扰。

## 10.8　典型的解决办法

一些常见的瞬态抑制装置如下：

- 气体放电管为非常耐用且寿命很长的装置。它们能承受高电压，但响应时间慢（上升时间为 100ns）。
- 和一些瞬态抑制器相比，晶闸管的响应时间快（如上升时间为 1ns）且寿命较长。它们能够处理小电流（如 1A），也具有电压保护，这会产生问题。
- TVS 二极管的响应时间非常快（皮秒级的上升时间），能承受大功率，但预期寿命有限。
- MOV 的响应时间较快（上升时间为 10 ~ 20ns），能承受大功率，但寿命有限且通常情况下不会短路，这可能会给产品带来安全问题。考虑热保护的 MOV 可避免此问题。

## 10.9　如何正确地选择 TVS 二极管的额定值

使用以下参数来选择 TVS 二极管（见图 10.5）：

- 反向峰值电压 > 工作电压。反向峰值电压为 TVS 没有击穿时的工作电压。TVS 在信号电压或电源线电压时不能被击穿。
- 峰值脉冲电流 > 瞬态电流。TVS 必须能承受所施加的高能量脉冲，在试验中不能被烧坏。

- 钳位电压<电路的耐受电压。TVS 的钳位电压将随着电流的增加而增加，能比额定的反向峰值电压高 25%。这实际上是保护了设备，但电路必须能承受这种较高的电压。
- 所需的最大电流来自于雷电或浪涌电流的要求。
- 所需的最大电压通过参考 DO-160 第 16 部分中的电源质量参数得到。第 16 部分要求设备进行电压瞬态试验、过电压试验及相似的与电源有关的试验。如果受试产品将要承受 DC 48V 的过电压，那么 TVS 二极管的额定电压不能太低；否则，它将尝试着去钳住这种过电压。

美国 Littelfuse 公司 15KP 和 15KPA 系列 TVS 二极管的参数见表 10.1。

**表 10.1　美国 Littelfuse 15KP 和 150KPA 系列 TVS 二极管参数**

| 参数 | 值 |
|---|---|
| $10 \times 1000\mu s$ 试验波形的峰值脉冲耗散功率 | 15000W |
| 正向峰值浪涌电流，8.3ms 的仅单向的单个半正弦波 | 400A |

图 10.4 所示 TVS 二极管的参数如下：

图 10.4　典型的 TVS 二极管（美国 Littelfuse 公司的型号为 15KP48A TVS 二极管）

- 反向峰值电压，DC 48V。
- 击穿电压，最小值53.6V/最大值58.7V。
- 最大峰值脉冲电流，194.3A。
- 峰值脉冲电流时的最大钳位电压，77.7V。

应指出的是，通过二极管的电流增加，其钳位电压也随之增加，但增加值可能不是很大。因此，当为产品设计过电压能力时应重点强调这种最大钳位电压。图10.5给出了这种效应。图10.6给出了实际的 TVS 二极管对300V的波形4（69μs）脉冲产生响应。然而，响应结果与 TVS 二极管对 IEC 61000 - 4 - 5 浪涌波形产生的响应应非常相似。

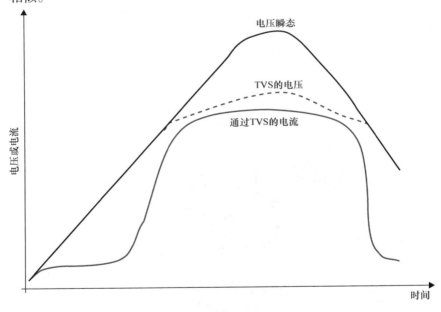

图10.5　TVS二极管响应曲线

对于这种特定的 TVS 二极管，15 000W 的额定值会带来一个问题：该值如何与所给的参数联系起来？应指出的是，最大峰值电流（194.3A）与其对应的最大钳位电压（77.7V）之积大约为15 000W。应重点强调的是，人们容易对这个系列 TVS 二极管所表明的正向峰值

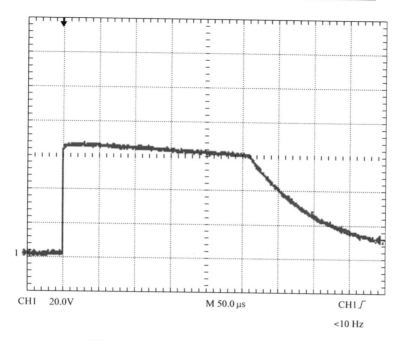

图 10.6 波形 4（69μs）通过 TVS 二极管

浪涌电流（这种情况为 400A）和所选择的特定 TVS 二极管表明的峰值脉冲电流产生混淆。通常使用时应查找所选二极管的峰值脉冲电流。

对于航空与航天电子设备，大多数的工作电压为 DC 28V，选用 TVS 二极管进行试验更为容易。要考虑的重要方面是，了解要求的最大浪涌电流是多少、受试产品要试验的最大过电压是多少。对于 DO - 160 第 16 部分的试验，根据产品的设计类别，这些电平通常为 DC 48V 或 DC 80V。

【示例】

二极管的选择过程如下。假设进行的是 RTCA DO - 160F 中的一项雷电感应的瞬态敏感度试验。

对于第 22 部分、等级 3 和波形 4/5A，选择参数如下：

$V = 300V$；

$I = 300\text{A}$（记住，在 DO - 160 中，单根线上的感应电流不能超过插针的注入试验电平）。

对于第 16 部分，所需的反向峰值电压为 DC 48V。

TVS 二极管的额定值应是多大呢？一只 15kW 的是否合适呢？

假设使用雷电发生器的最小源阻抗。在这种情况中，最小源阻抗可通过试验电压除以峰值电流得到：

$$\frac{V_{pk}}{I_{Lim}} = \frac{300\text{V}}{300\text{A}} = 1\,\Omega$$

现在求出所需的最大钳位电压。峰值试验电压和已给出的最大钳位击穿电压（对于这种情况为 77.7V）之间是存在差值的：

$$300\text{V} - 77.7\text{V} \approx 223\text{V}$$

因此，对于这种情况，功率值为

$$\frac{V^2}{R} = \frac{223^2}{1}\text{W} \approx 50\text{kW}$$

看到上述功率值先不要恐慌。对于此功率，要转换为基于脉冲持续时间的能量（15kW 的额定值基于的脉冲宽度为 $1000\mu s$，总能量为 15J，而 DO - 160 中波形 5A 的脉冲宽度大约为 $100\mu s$ 或波形 1 和 4 的脉冲宽度为 $69\mu s$）。但比较容易的计算方式是，把这些数据都填进数据表中。图 10.7 给出了对于脉冲宽度为 $69\mu s$ 的脉冲，TVS 钳住此脉冲的总时间大约为 $250\mu s$。所产生的功率将小于以下计算值：

$$E = \frac{V^2}{R}t = Pt \tag{10.3}$$

$$E = (50\text{kW}) \times (0.00025\text{s}) = 12.5\text{J}$$

这里假设 TVS 必须承受整个 $250\mu s$ 内的全功率。事实上，此脉冲的衰减时间很长，图 10.6 所示钳位电压较慢的衰减表明了这一点。同时，假设 TVS 的电压降及线路和走线的阻抗也不同，其承受的试验电平应比期望的稍小一点且功能应足够正常。此外，也应指出的是，脉冲的重复频率越高，TVS 将能承受的总功率越小。图 10.7 给出了这种峰值功率的减小现象。产生这种现象的原因是下一个脉冲施加之前 TVS 还没有冷却下来。

为了提高 TVS 的裕量，给电路增加一些最小的阻抗是可行的。当

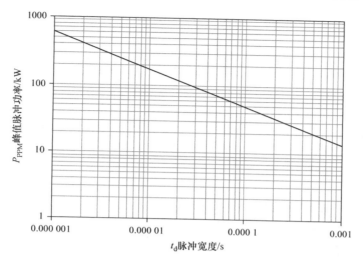

图 10.7　TVS 二极管基于脉冲宽度的额定功率值

增加电阻值小到 0.10Ω 的串联阻抗时，由于环路阻抗的增加，峰值电流将减小，同时由于串联阻抗上的电压降（*IR*），二极管上的电压也将减小。因此，在试验和产品的寿命期内，TVS 将具有显著的裕量以正常工作。

上述这些示例讲述的是直流电源线。当在交流电源线上使用瞬态抑制器时，必须考虑如下两个非常重要的问题：

1. 瞬态抑制器的额定击穿电压必须大于波形的峰值电压加上一定的裕量。例如，如果输入线路电压为 AC 120V，那么峰值电压将为 170V。如果瞬态抑制器的额定电压小于此峰值电压，其将钳住每个波形，从而导致抑制器的烧坏。

2. 考虑线路的过电压特性。如果交流线路经常遭受 10% 的过电压（如 AC 132V），那么需要重新考虑峰值电压以避免烧坏瞬态抑制器。

使用额定击穿电压为 200V 或更大的瞬态抑制器，这可能是比较明智的做法。

# 第 11 章　其他特定的 EMI 问题

注意，本章汇总了产品或其特定使用时在 EMI 方面的考虑。这些考虑与 EMI 试验和故障排除有关。本章的内容不一定符合前面章节中给出的检查清单格式。

## 11.1　有意辐射体和无线设备

当把无线模块集成进产品时会存在两个主要问题：（1）产品产生的 EMI 会降低接收机的灵敏度；（2）模块发射机会影响敏感的模拟电路或其他无线接收机。

内部产品的 EMI 或平台的 EMI[1]，如图 11.1 所示，来自开关电源、数字时钟、LCD 的电缆以及其他装置（这些装置产生上升时间很短的信号，产生的相关谐波发射会落入接收机的通带内）。

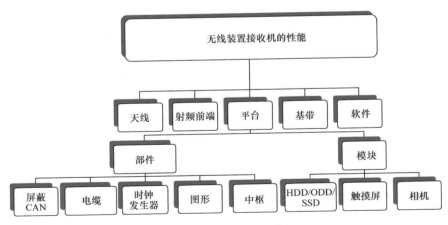

图 11.1　影响无线接收机性能的不同因素[1]（来自平台的 EMI）

发射机电路能直接干扰模拟电路或其他敏感电路,但由于许多无线系统使用分组跳频或扩频技术,因此发射信号能干扰其他无线接收机。例如,这种情况就会发生在 Wi－Fi 和蓝牙模块之间。大多数的现代系统采用了某些形式的冲突避免机制,如 Wi－Fi 使用了空闲信道评估(Clear Channel Assessment, CCA)及带有冲突避免的载波侦听多路访问/冲突检测方法(Carrier Sense Multiple Access/Collision Detection, CSMA/CA),如蓝牙使用了自适应跳频机制。最佳的模块是把 Wi－Fi 和蓝牙一起使用及采用报文传输仲裁(Pocket Traffic Arbitration, PTA)机制,目的是使两个发射机不同时工作。

Wi－Fi 使用直接序列扩频(Direct Sequence Spread Spectrum, DSSS),工作在 2.400～2.485GHz 及 5.725～5.875GHz 的工科医(Industrial Scientific Medical, ISM)频段,典型功率为 15dBm。蓝牙使用跳频扩频(Frequency Hopped Spread Spectrum, FHSS),也工作在 2.4GHz,但典型输出功率为 0dBm。ZigBee 是另外一种无线技术,更多的是用于照明控制或其他应用的控制,远不及 Wi－Fi 或蓝牙使用得普遍。它的工作频点为 868MHz、902MHz 或 2.4GHz,使用 DSSS。大多数 ZigBee 模块仅为 0dBm,但使用外置放大器可将此功率提高到 +20dBm。

对于平台噪声或无线发射机的干扰,最佳的补救技术包括,与模块相连的电源和信号 I/O 线的滤波、模块的屏蔽、产品 PCB 上的内部局部屏蔽及电缆和组件的重新布置。

## 11.2　医疗产品

医疗产品是在工科医设备的 EMC 标准范围内的,更明确地说,必须符合 IEC 60601 系列国际标准。该系列标准中的抗扰度测量方法引用了常用标准 IEC 61000－4－X,辐射发射和传导发射测量方法引用了 CISPR 11。通常情况下,与用于实验室或工业环境的产品相比,医疗产品的适用限值更为严格。

此外,医疗产品通常出现的问题与其他商业和消费产品出现的问题是相同的。要着重考虑的一个方面是与产品有关的,即这类产品所包括监测病人的传感器及这些传感器对于病人来说是内置的还是外置的。任何传感器都必须提供病人身体(尤其对于内置传感器)与外置电源系统或产品接地之间的隔离。由于电缆屏蔽层通常不与外壳地进行连接,监测病人的电缆产生的辐射发射肯定会是一个问题。因此,电缆前端的充分滤波通常是必需的。再者,大多数的现代医疗产品使用的是塑料外壳,这就得考虑产品内部的屏蔽设计。

典型的不合格原因可能包括如下几个:

- I/O 连接器导电外壳和产品壳体之间搭接得不充分。
- 电缆屏蔽层与外壳或屏蔽壳体搭接得不充分。
- 电源线进入点的滤波不好。
- 电源的滤波不好。
- I/O 电缆或电源电缆的滤波不好或瞬态保护装置使用得不合适。
- 关键电路处作用不够好的射频旁路,如 CPU 的复位线。

总之,医疗产品的干扰故障排除与其他任何电子产品的干扰故障排除是非常的相似。

## 11.3 大型系统或落地式系统

大型设备或落地式设备的问题是,它们都是大型的!就这一点而言,通常不管是在试验中心还是在你自己的设施里,要对其进行试验和故障排除都是非常困难的,经常必须在其安装位置进行。甚至 EMC 试验有时也在现场进行,也就是在其安装的场地上进行。一些 EMC 实验室具有 10m(或更大的)电波暗室且具有大直径的转台,目的是能对大型设备进行试验。

大多数的大型设备或落地式设备设计用于工业环境或制造环境,从而允许它们可不满足严格的 EMC 限值。例如,辐射发射和传导发射通常要求为 CISPR11(或 CISPR22)中的 A 类限值,而不要求满足更为严格的 B 类限值(B 类限值比 A 类限值减小 10dB)。

为了对这类产品进行故障排除，工程师通常必须去产品安装的地方，而不是将其带到实验室。对于这样的情况，开发一套移动的或便携式的 EMC 故障排除设备，将能带来很大的方便。本书参考附录 D 给出了开发自己的 EMC 故障排除工具的建议，将这些故障排除工具放置在带轮的箱子里可方便地拉到设备安装的地方。

落地式设备通常放置在暗室的接地平面上，而台式设备则放置在位于接地平面上 80cm 高的试验桌上。如果受试设备与接地平面的连接产生 1/4 波长的谐振，那么这将会是一个问题。然而，由于受试设备进行测量时与屏蔽室接地平面的搭接能极大地减小发射和降低敏感度，因此也可以很好地利用这一点。

## 11.4 磁场问题

产生高磁场的产品包括使用磁偏转阴极射线管（Cathode Ray Tube，CRT）的旧设备或一些医疗产品，如核磁共振成像（Magnetic Resonance Imaging，MRI）或计算机断层扫描（Computed Tomography，CT）扫描系统。此外，大的工业弧焊系统、电气化铁路系统或大型开关电源、变压器或电动机的变速驱动电路，都能产生非常高的磁场。

当产品需要工作在高磁场环境中时，通常的解决办法是使用厚壁钢或磁导率较高的镍铁合金进行特定的磁场屏蔽。这里要应记住的是，磁导率高的材料易饱和，一旦饱和，它们将不能再屏蔽额外的磁场。因此，对于这种情况，材料越厚越好，但这会增加重量和成本。

高电平的变化磁场通常会干扰模拟电路，因此差分输入有助于克服这种干扰。通常，数字电路受到磁场的影响要远小于模拟电路。解决高电场的典型办法（如使用铜或铝屏蔽）通常对于低频（小于 10kHz）磁场并不是有效的。

然而，对于 100kHz 以上的高频磁场，最好使用铜和铝屏蔽体进行屏蔽。这样做的主要原因是镍铁合金在高频时会失去其磁导率性能，而导电材料通过场的反射和产生的金属内涡流会影响磁场屏蔽。

## 11.5 汽车

本书作者要感谢 Jerry Meyerhoff（美国 JDM 实验室），他为本节提供了大量材料。

汽车的 EMC 试验不管是在发射还是在抗扰度方面的要求通常都更加的严格。例如，辐射抗扰度试验电平通常规定为 200V/m，即大约为正常消费产品或工业产品最高试验电平的 20 倍。由于车辆使用的电控部件更多，因此以 70mile/h 的速度行驶时肯定会出现 EMI 问题，这是很容易理解的。

针对汽车 EMC 的标准很多，主要有 CISPR12、CISPR25、ISO 7637 - X、ISO 10605、ISO 11451 - X 和 SAE J1113/X。SAE J551/X 为车辆的 EMC 试验标准，J1113/X 为对应的零部件（模块）EMC 试验标准。如果车辆符合标准 J551/X，零部件轻微的不符合标准 J1113/X，那么暂时不再使用这种零部件或接受这种偏差都是可能的。汽车 EMI 标准更详细的列表见本书附录 G。

大多数的主要车辆制造商也都制定了自己的企业标准，其中部分标准直接引用自上述标准。美国福特公司建立了一个包含很多内容的网站，提供了免费的 EMC 基础培训文件，同时也提供了设计指南和检查清单（http://www.fordemc.com）。令人关注的是，大的货车制造商已专门在 40 个民用频段的无线电频率上进行非常高电平的辐射抗扰度试验。

汽车制造商关注的一个方面是，避免谐波发射落入 AM 和 FM 广播频段及 GPS、Wi - Fi 和蓝牙频段。汽车制造商在重要的车载无线电接收机频段都采用了非常严格的杂散发射限值，这远超过美国国家标准或其他工业标准的要求。

目前一个常见的问题是 DC 12V 到 AC 120/240V 的逆变器或其他 DC - DC 变换器的普遍使用。这些部件将产生大量的宽带开关谐波。控制模块中的大多数嵌入式微处理器使用多个和级联的开关电源变换器，以更有效地将车辆电池系统的 12V 或 24V 降为所需的常用的 5V、

3.3V 和 1. xV。我们曾看到十分异常的情况，30kHz 的开关频率能产生超过 100MHz 的杂散信号。这种杂散信号通常不是宽带信号，而是相当稳定的开关频率的离散谐波。

开关频率正在向兆赫兹方向发展，以减小储能元件的尺寸（尤其是电感器），且通过较好的时间片设计能进行较好的控制。这些较高的基频能将谐波发射扩展到 100MHz（和更高的）的频段。一些较新的开关电源具有可选的宽带频谱特性，能将它们的发射频谱进行扩展，从而减小测得的干扰电平。

同样，对电力电子器件的控制，必须有效地把电池系统的电压转换为非常精确的具有脉冲宽度的能量，以对控制燃油、空气和排气流量的电磁阀进行励磁。这强制地实现了车辆在任何天气和环境中实现化合物低排放及更好的单位燃油里程、良好的性能、平滑启动和运行。变速器、发动机气门和悬挂减震器现在很多采用电磁阀调制器利用电气上精确的脉冲来控制相应流体平滑、高效和大功率的运行。

为了更精确和提高效率，许多车辆附件都使用脉冲宽度控制。这种技术更便于利用［如高强度的气体放电（High Intensity Discharge，HID）灯（如氙气灯）的前照灯］，也更便于利用 LED 技术。LED 技术越来越多地用在后警告灯、转向指示灯、外部的指示灯及内部的氛围灯。脉冲电源也普遍地使用在车辆上。在乘客舒适和方便配置方面（如乘客所处的车内温度及座椅的温度），相关产品甚至也开始使用脉冲电源。

此外，传统发动机点火火花的产生和控制上要求提供精确的大功率脉冲。许多负载、电磁阀和压电驱动器与电力电子电源有一定距离。压电驱动器要求使用的是车辆电池电压升高后的高压，约为几百伏，这将是车辆的另一组发射源。

最后，要把几十千瓦的启动负载和体积挺大的电池包产生的几百伏的直流电压相结合，然后转换为起动机所用的多相高压和变频交流。高压和大电流及高频脉冲控制方案相结合的这种技术的发展，会产生非常多的和大功率的电磁频谱。因此，如果不采取合适的设计措施，那么电源和负载之间所用的电缆在它们各自的频率范围会对脉能量频谱进行非常普遍和有效地耦合和辐射。

通常假设车体作为系统地,但这是有缺陷的。因为这种假设是与车体焊接的完整性及车体使用更不导电的车身面板和其他结构有关的。因此,系统电源的返回路径设计肯定是一种挑战。大多数的电源返回路径不应与车辆外壳相连,但应使用双绞线返回到电源。然而,考虑到导线成本,通常不这么做。

总之,很少的仅被识别为非常重要的电路、电源和负载才使用专用的返回路径导体(如安全地系统)。并且,仅为明确的无线电功能保留使用屏蔽电缆,如 GPS、卫星娱乐系统、视频系统和 AM/FM 广播。特别要强调的是,与重要安全功能[如防抱死制动系统(Anti-lock Breaking System,ABS)的车轮转速]有关的非常少的传感器也可能使用屏蔽电缆。

## 11.6 开关电源

开关电源(Switch – Mode Power Supply,SMPS)是发射很强的宽带整流器噪声源,同时也会产生为开关频率倍数的窄带谐波,如图 11.2 所示。由于开关装置的上升时间设计为最小时有助于提高效率,因此其产生的谐波能向上扩展到几百兆赫兹。开关频率的千次谐波产生的问题也是常见的。此外,高效整流器(能非常快速地恢复,从而具有较快的上升和下降时间)的使用,在相同的频率范围内(即开关装置产生发射的频率范围内)能产生宽带能量。在输出整流器和/或开管装置中增加 RC 缓冲电路有时能削减开关波形中的振铃和过冲。

一些 OEM 在设计上缺少足够的输入或输出滤波,因此,在购买之前,对供应商提供的各型号开关电源进行辐射发射和传导发射的性能预审是很有用的。此外,许多 OEM 的设计也缺少瞬态电压抑制装置,因此最终会引起 ESD、EFT 或浪涌试验的不合格。

如果确定 SMPS 没能通过传导发射,那么通常使用一个附加的 EMI 滤波器可解决此问题。但要确认附加的滤波器不会使安全泄漏电

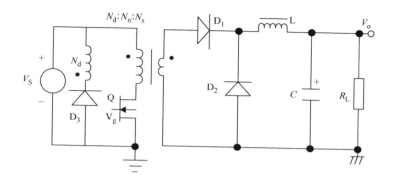

图 11.2 正激变换器的简化示意图（图中给出的是一次和
二次电流环路可能的一种拓扑；通过在环路印制线之下
使用电源返回平面使环路的面积最小）

流超过 3mA（对于医疗产品更小），否则这将不能通过产品的安全标准。此外，增加附加的输入和输出滤波通常也是有风险的，因为这会影响电源环路的稳定，对于瞬态负载，这些滤波可能不能很好地起作用，甚至可能会产生自振荡。

当为 SMPS 电路设计 PCB 时，通过在每一个环路下面使用返回平面，一定要确保一次电流环路和二次电流环路的环路面积最小，如图 11.3 所示。通常情况下，这些返回平面为独立平面，目的是避免一次环路和二次环路之间的噪声耦合。

我们给出的好的建议是，选择质量较好、价格稍贵的知名品牌电源。如果可能的话，最好看到电源的符合性试验结果。此外，即使价格贵一些，也要让电源制造商满足规范时具有 6 ~ 10dB 的裕量。如果试验时产品要符合 A 级，那么一定要确保购买符合 B 级的电源。

如果想自己设计滤波器，那么推荐参考本书附录 E 或本章参考文献［2］。

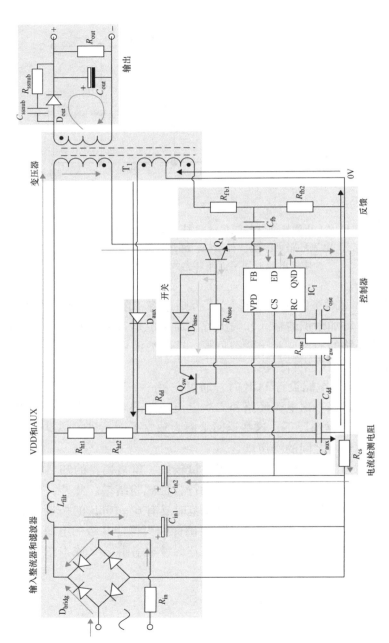

图11.3 一个较复杂的开关变换器的示意图（图中给出了初级和次级电流环路；通过在环路印制线下面使用电源返回平面使环路面积最小）

## 11.7 液晶显示器

在 CRT 时代，存在的问题是显示器中的偏转线圈会影响附近的显示器，在两台显示器上产生"游泳效应"。解决办法是，在两个线圈之间增加隔离或使用磁导率高的镍铁合金片进行屏蔽。

当今，这种问题在很大程度上已被辐射发射带来的挑战所代替。液晶显示器（Liquid Crystal Display，LCD）的驱动器矩阵由时钟速度工作大约为 400 ~ 500MHz 的视频驱动器提供。视频信号通常基于低压差分信号（Low Voltage Differential Signaling，LVDS）传播，使用横流模的驱动器，工作数据率通常为 1.5Gbit/s。而 LVDS 能使用任何供电电压，当今大多数使用 1.2V 的差分对，传输线的阻抗为 100Ω。

然而，一些显示器要求单端 3.3V 的 RGB 数字视频信号，最大为 24bit，开关时间为 10ns 或更小，能产生大量的共模电流。这很大程度上是由视频驱动器和显示屏之间的电路以及电缆和屏蔽层的端接的几何对称性设计得不好导致的。

LCD 通常产生的辐射发射频段为 100 ~ 400MHz 或更高，发射源为 LVDS（或单端数字）时钟的开关转换。解决这种问题的办法包括，控制流向显示屏的共模电流以及对显示屏、壳体和 PCB 信号返回路径进行搭接，如图 11.4 所示。

解决 LCD 辐射发射的方法如下：

• 对前边框与显示屏模块的后屏蔽体进行搭接。由于某些原因，许多显示器制造商并没有把它们很好地连接在一起。浮地的金属能耦合能量，像天线一样进行辐射。一些显示器制造商甚至都没对显示器的后面进行屏蔽，没有对显示器的 PCB 进行屏蔽。

• 对 LCD 和产品的屏蔽壳体之间进行搭接。通常要求进行多次搭接。

• 在 LVDS（或数字）电缆上加装铁氧体扼流圈。这将减小电缆上流动的共模电流。规定铁氧体材料的阻抗在 100 ~ 500MHz 时至少为 200 ~ 400Ω。

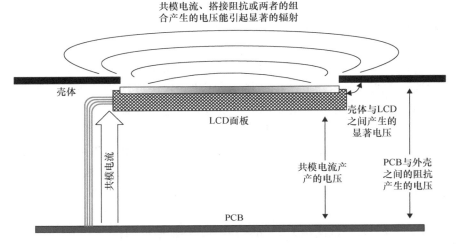

图 11.4 组件（如 LCD）与屏蔽壳体的搭接对于减小发射是非常重要的

• 对 LVDS（或数字）显示电缆进行屏蔽，同时确保屏蔽层的每一端与信号返回路径（参考到 LVDS 信号）进行连接，或者可能的话与外壳进行连接。必须在每一端的多个地方进行这种连接。使用单个软辫线进行的连接通常并不充分。

• 在视频线上增加小的串联阻抗（20～50Ω）有助于把上升时间减慢一些，但一定要确保不会影响视频质量。

# 参 考 文 献

1. Lin, H.-N., Feng-Chia University, Taiwan, "Analysis of Platform Noise Effect on Performance of Wireless Communication Devices," http://www.intechopen .com/download/get/type/pdfs/id/31612.
2. Brander, T., *et al.*, Würth Elektronik, *Trilogy of Magnetics—Design Guide for EMI Filter Design SMPS & RF Circuits*, Würth Elektronik eiSos GmbH & Co. KG, 2009.

# 附 录

## 附录 A 常用的单位换算、公式和定义

### A.1 定义

dBμV——相对于 $1\mu V$ 的 dB 值。

dBμA——相对于 $1\mu V$ 的 dB 值。

dBm（使用时通常代替 dBmW）——相对于 $1\mu W$ 的 dB 值。

使用这些单位时应注意数量级的变化。对于功率，瓦换算为毫瓦除以 $10^{-3}$，对于电压和电流，伏特和安培换算为微伏和微安时则除以 $10^{-6}$。

把频谱分析仪的幅值（dBm）换算为标准中的发射限值（dBμV），常用的计算公式如下：

$$dB\mu V = dBm + 107$$

测量通常在 $50\Omega$ 系统中进行。因此，计算公式，如 $V = IR$ 和 $P = V^2/R$，式中的 $R$ 为常量 $50\Omega$。

磁通密度（符号为 $B$）的测量单位为特斯拉（符号为 T）或皮特斯拉（符号为 pT，$1pT = 10^{-12}T$），或 dBpT。

磁场强度（符号为 $H$）的测量单位为奥斯特（符号为 Oe）或 A/m。

注意：如果需要，空气中 $B$ 和 $H$ 之间的近似换算为

$$B = \mu H \cong (4\pi \times 10^{-7})H$$

式中 $\mu$——磁导率，在空气中时，可使用自由空间中的值。

### A.2 功率比（dB）

在 $50\Omega$ 系统中进行测量时，可使用公式 $dB\mu V = dBm + 107$ 和

$dB\mu A = dBm + 73$ 把 dBm 分别换算为 $dB\mu V$ 和 $dB\mu A$。

| dBm | dBμV | dBμA |
|---|---|---|
| 20 | 127 | 93 |
| 10 | 117 | 83 |
| 0 | 107 | 73 |
| − 10 | 97 | 63 |
| − 20 | 87 | 53 |
| − 30 | 77 | 43 |
| − 40 | 67 | 33 |
| − 50 | 57 | 23 |
| − 60 | 47 | 13 |
| − 70 | 37 | 3 |
| − 80 | 27 | − 7 |
| − 90 | 17 | − 17 |
| − 100 | 7 | − 27 |

对于功率，其值变为 2 倍时，对应增加了 3dB；对于电压和电流，其值变为 2 倍时，对应增加了 6dB。对于功率，其值减半时，对应减小了 3dB；对于电压和电流，其值减半时，对应减小了 6dB。

对于功率，其值变为 3 倍时，对应增加了约 5dB；对于电压和电流，其值变为 3 倍时，对应增加了约 10dB。

对于功率，其值变为 10 倍时，对应增加了 10dB；对于电压和电流，其值变为 10 倍时，对应增加了 20dB。对于功率，其值变为 $\frac{1}{10}$ 时，对应减小了 10dB；对于电压和电流，其值变为 $\frac{1}{10}$ 时，对应减小了 20dB。

| 倍数 | 功率 | 电压或电流 |
|---|---|---|
| 0.1 | -10dB | -20dB |
| 0.2 | -7.0dB | -14.0dB |
| 0.3 | -5.2dB | -10.5dB |
| 0.5 | -3.0dB | -6.0dB |
| 1 | 0dB | 0dB |
| 2 | 3dB | 6.0dB |
| 3 | 4.8dB | 9.5dB |
| 5 | 7.0dB | 14.0dB |
| 7 | 8.5dB | 16.9dB |
| 8 | 9.0dB | 18.1dB |
| 9 | 9.5dB | 19.1dB |
| 10 | 10dB | 20dB |
| 20 | 13.0dB | 26.0dB |
| 30 | 14.8dB | 29.5dB |
| 50 | 17.0dB | 34.0dB |
| 100 | 20dB | 40dB |
| 1 000 | 30dB | 60dB |
| 1 000 000 | 60dB | 120dB |

## A.3　频率与波长

我们要掌握的一个重要概念为电磁辐射结构（有时称其为"天线"）的电尺寸。其由波长 $\lambda$ 表示。

在无耗媒质（自由空间）中，波长 $\lambda = v/f$

式中　$v$——传播速度；

　　　$f$——频率（Hz）。

在自由空间中，$v = v_0 \approx 3 \times 10^8 \text{m/s}$（近似为光速）。

**易于记住的波长公式**

$$\lambda(m) = \frac{300}{f(MHz)} 或 \frac{\lambda}{2}(ft) = \frac{468}{f(MHz)}$$

【示例】

为了简化，我们使用光速 $3 \times 10^8 m/s$ 为传播速度。因此，在自由空间中，频率为 300MHz 的信号，其波长为 1m。对于 300MHz，半波长为 50cm，1/4 波长为 25cm。

对于整个波长（m）有，$\dfrac{300}{f(MHz)}$

对于半波长（m）有，$\dfrac{150}{f(MHz)}$

对于 1/4 波长（m）有，$\dfrac{75}{f(MHz)}$

## A.4 电磁频谱

电磁频谱图的详细信息见如下网址：

http：//www.ntia.doc.gov/files/ntia/publications/spectrum_ wall_ chart_ aug2011.pdf。

注意，上述网址中的电磁频谱图为美国的频谱指配图。其他国家也有类似的频谱指配图。

## A.5 屏蔽效能（SE）与缝隙长度

| 频率/MHz | 20dB 的 SE | 40dB 的 SE |
|---|---|---|
| 10 | 100cm | 19cm |
| 30 | 75cm | 5cm |
| 100 | 15cm | 1.5cm |
| 300 | 5cm | 0.5cm |
| 500 | 2.5cm | — |
| 1 000 | 1.5cm | — |

例如，屏蔽体具有 6in（约 15cm）的缝隙，100MHz 时其有效的

SE 仅为 20dB。在 SE 的曲线图上不能进行谐波频率内插。

## A. 6　欧姆定律

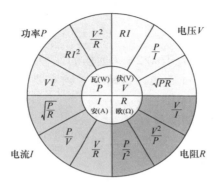

图 A. 1　假设至少给定两个量时计算电阻 $R$、电压 $V$、
电流 $I$ 或功率 $P$ 的欧姆定律计算公式转盘

## A. 7　差模电流产生的电场

$$|E_{D,max}| = 2.63 \times 10^{-14} \frac{|I_D| f^2 Ls}{d}$$

式中　$I_D$——环路中的差模电流（A）；

　　　$f$——频率（Hz）；

　　　$L$——环路长度（m）；

　　　$s$——环路间距（m）；

　　　$d$——测量距离，通常为 3m 或 10m。

假设环路为电小尺寸，测量时具有反射平面。

## A. 8　共模电流产生的电场

$$|E_{C,max}| = 1.257 \times 10^{-6} \frac{|I_C| fL}{d}$$

式中　$I_C$——导线中的共模电流（A）；

　　　$f$——频率（Hz）；

$L$——导线长度（m）；

$d$——测量距离，通常为 3m 或 10m。

这里，假设导线为电短天线。

## A.9 天线的远场关系式

当距天线的距离大于 $\lambda/2\pi$（远场的一种近似值）时，下面的计算公式适用。对于 3m 距离，这暗含着频率要大于 16MHz。对于 1m 距离，频率要大于 48MHz：

dBi 换算为数值的增益为

$$\text{Gain}_{\text{numeric}} = 10^{(\text{dBi}/10)}$$

数值换算为 dBi 的增益为

$$\text{dBi} = 10\lg\left(\text{Gain}_{\text{numeric}}\right)$$

增益（dBi）转换为天线系数为

$$\text{AF} = 20\lg\left(\text{MHz}\right) - \text{dBi} - 29.79$$

天线系数转换为增益（dBi）为

$$\text{dBi} = 20\lg\left(\text{MHz}\right) - \text{AF} - 29.79$$

已知功率（W）、数值增益和距离（m）时，场强的计算公式为

$$\text{场强（V/m）} = \frac{\sqrt{30 \times \text{功率} \times \text{数值增益}}}{\text{距离}}$$

已知功率（W）、天线增益（dBi）和距离（m）时，场强的计算公式为

$$\text{场强（V/m）} = \frac{\sqrt{30 \times \text{功率} \times 10^{(\text{dBi}/10)}}}{\text{距离}}$$

已知需要的场强（V/m）、天线的数值增益和距离（m）时，要求的发射功率（W）为

$$\text{功率} = \frac{(\text{场强} \times \text{距离})^2}{30 \times (\text{数值增益})}$$

已知需要的场强（V/m）、天线增益（dBi）和距离（m）时，要求的发射功率（W）为

$$\text{功率} = \frac{(\text{场强} \times \text{距离})^2}{30 \times 10^{(\text{dBi}/10)}}$$

## A.10　矩形壳体的谐振

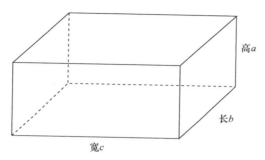

高$a$

长$b$

宽$c$

图 A.2　如果激励时矩形壳体能产生谐振

$$(f)_{mnp} = \frac{1}{2\sqrt{\varepsilon\mu}}\sqrt{\left(\frac{m}{a}\right)^2 + \left(\frac{n}{b}\right)^2 + \left(\frac{p}{c}\right)^2}$$

式中　$\varepsilon$——材料的电导率；

$\mu$——材料的磁导率；

$a$，$b$，$c$——高度、宽度和长度；

$m$，$n$，$p$——整数。

当腔体的最大尺寸大于或等于半个波长时，就会存在腔体谐振。在截止频率以下，腔体不存在谐振。在这种配置中（其中$a<b<c$），$TE_{011}$（在"$a$"方向上横电磁波的模为0，在"$b$"和"$c$"的方向上为1，$b$和$c$都大于$a$）为主模，这是因为其出现在腔体的最低谐振频率上。

## A.11　电压驻波比（VSWR）和反射损耗

已知前向功率和反向功率，则 VSWR 为

$$VSWR = \frac{1 + \sqrt{\dfrac{P_{rev}}{P_{fwd}}}}{1 - \sqrt{\dfrac{P_{rev}}{P_{fwd}}}}$$

已知反射系数，则 VSWR 为

$$VSWR = \frac{1 + \rho}{1 - \rho}$$

已知 $Z_1$ 和 $Z_2$（单位为 $\Omega$），则反射系数 $\rho$ 为

$$\rho = \left| \frac{Z_1 - Z_2}{Z_1 + Z_2} \right|$$

已知前向功率和反向功率，则反射系数 $\rho$ 为

$$\rho = \sqrt{\frac{P_{rev}}{P_{fwd}}}$$

已知前向功率和反向功率，则反射损耗为

$$RL(dB) = 10\lg\left(\frac{P_{fwd}}{P_{rev}}\right)$$

已知 VSWR，则反射损耗为

$$RL(dB) = 10\lg\left(\frac{VSWR - 1}{VSWR + 1}\right)$$

已知反射系数，则反射损耗为

$$RL(dB) = 20\lg(\rho)$$

## A.12　电场电平与发射机的输出功率

假设天线增益为 1，发射机的输出功率与电场之间的关系如下：

| $P_{out}/W$ | 距离为 1m 时的 场强/(V/m) | 距离为 3m 时的 场强/(V/m) | 距离为 10m 时的 场强/(V/m) |
|---|---|---|---|
| 1 | 5.5 | 1.8 | 0.6 |
| 5 | 12.3 | 4.1 | 1.2 |
| 10 | 17.4 | 5.8 | 1.7 |
| 25 | 27.5 | 9.2 | 2.8 |
| 50 | 38.9 | 13.0 | 3.9 |
| 100 | 55.0 | 18.3 | 5.5 |
| 1000 | 173.9 | 58.0 | 17.4 |

假设天线增益为 3，发射机的输出功率与电场之间的关系如下：

| $P_{out}/W$ | 距离为1m时的<br>电场/(V/m) | 距离为3m时的<br>电场/(V/m) | 距离为10m时的<br>电场/(V/m) |
|---|---|---|---|
| 1 | 9.5 | 3.2 | 1.0 |
| 5 | 21.3 | 7.1 | 2.1 |
| 10 | 30.1 | 10.0 | 3.0 |
| 25 | 47.6 | 15.9 | 4.8 |
| 50 | 67.4 | 22.5 | 6.7 |
| 100 | 95.3 | 31.8 | 9.5 |
| 1000 | 301.2 | 100.4 | 30.1 |

假设天线增益为6（对应我们推荐的 PCB 型对数周期天线），发射机的输出功率与电场之间的关系如下：

| $P_{out}/W$ | 距离为1m时的<br>电场/(V/m) | 距离为3m时的<br>电场/(V/m) | 距离为10m时的<br>电场/(V/m) |
|---|---|---|---|
| 1 | 13.5 | 4.5 | 1.3 |
| 5 | 30.1 | 10.0 | 3.0 |
| 10 | 42.6 | 14.2 | 4.3 |
| 25 | 67.4 | 22.5 | 6.7 |
| 50 | 95.3 | 31.8 | 9.5 |
| 100 | 134.7 | 44.9 | 13.5 |
| 1000 | 426.0 | 142.0 | 42.6 |

## A.13　美国常用发射机产生的电场电平

| 装置 | 近似频率 | 最大功率 | 距离为1m时的电场<br>近似值/(V/m) |
|---|---|---|---|
| 民用频段 | 27MHz | 5W | 12 |
| FRS 公众对讲机 | 465MHz | 500mW | 4 |
| GMRS 公众对讲机 | 465MHz | 1~5W | 5.5~12 |
| 3G 移动电话 | 830MHz/1.8GHz | 400mW | 3.5 |

通过使用这些免执照的装置靠近 EUT、I/O 电缆或电源电缆，可确定 EUT 的辐射抗扰度。GMRS 对讲机在美国则需要执照。

其他国家也有类似的免执照的发射机。

# 附录 B   分析时钟振荡器、数字源和谐波

## B.1   概述

由于时钟或晶体振荡器通常具有快的边沿速率，因此会产生大量的高次谐波。为了帮助识别这些谐波，我们开发了时钟谐波分析仪电子表格。只要在绿色的框中输入时钟振荡器的频率（单位为 MHz），所有的高次谐波则会显示在第 2 列中。第 1 列显示的是谐波次数。

同样，如果我们观察到了一个谐波，想要确定可能产生它的时钟振荡频率，在绿色的框中输入谐波频率（单位为 MHz），然后看第 3 列中分谐波的列表以确定是否有频率与产品振荡器的频率之一相匹配。

可能存在这样的情况，两个或多个时钟源产生几乎相同的谐波频率——一个可能比另外一个产生的幅值大。在这种情况下，把频谱分析仪的分辨率带宽（RBW）减小到 1kHz（或更小），中心频率设置为谐波频率，如图 B.1 所示。通过减小 RBW，我们能够分辨出多个谐波。为了识别产生最高幅值谐波的特定振荡器，可以用手指或铅笔的笔尖接触振荡器的输出。这会使振荡器的输出具有足够的加载，从而能够看出在频率上产生稍微偏移的谐波之一。如果这样做不起作用，那么可以使用"冷凝剂"罐敲打每一个振荡器或源，然后观察频率或幅值的轻微变化。一旦识别出每一个谐波的源，我们就可以使用滤波、屏蔽或其他补救措施以减小谐波的幅值。

应指出故障排除时的一个更重要的概念：假设两个或多个时钟谐波落在相同的频率上，对一个时钟使用解决办法时，但看不到谐波幅值明显减小也是可能的。

【示例】

假设 1#谐波为 50dBμV/m，2#谐波为 34dBμV/m。应指出的是，两者都超过了 FCC 30dBμV/m 的 B 级限值。如果它们同相，两个矢量叠加，得到的合成值为 50.9dBμV/m。如果移去 2#谐波（使用解决办

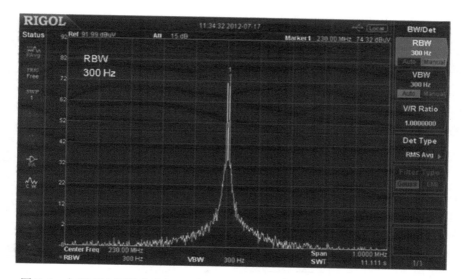

图 B.1　如果两个源的谐波相同，把 RBW 减到 1kHz 或更小可分辨出每一个谐波

法），我们会注意到辐射发射值并没有减小多少（最多减小 0.9dBμV/m）。正如本书第 2 章 2.3 节（故障排除原理）所讲的，这就是为什么最好把可能的解决办法都先用上直到我们把发射源抑制掉，或者识别出了所有的"主效应"。

## B.2　晶体/时钟振荡器分析仪

图 B.2 给出了我们做的晶体振荡器分析仪电子表格的局部视图，可帮助分析时钟振荡器的谐波。

【示例】

1. 确定特定晶体振荡器的谐波

在方框中输入振荡器的频率，第 1 列得到的为谐波。

2. 确定产生特定谐波的晶体振荡器的频率

在方框中输入谐波频率，第 2 列得到的为可能的振荡器频率。

## Clock Oscillator Harmonic Analyzer

**To determine the harmonics of a specific crystal oscillator:**
Enter the oscillator frequency in the box and find the harmonics in the first column.
**To determine the crystal oscillator frequency for a specific harmonic:**
Enter the harmonic frequency in the box and find the possible oscillator frequency in the second column.

| Enter Frequency -> (MHz): | 780 | Harmonics of osc. Frequency (MHz) | Possible crystal oscillator frequencies for harmonic (MHz) |
|---|---|---|---|
| | 1 | 780.000 | 780.000 |
| | 2 | 1560.000 | 390.000 |
| | 3 | 2340.000 | 260.000 |
| | 4 | 3120.000 | 195.000 |
| | 5 | 3900.000 | 156.000 |
| | 6 | 4680.000 | 130.000 |
| | 7 | 5460.000 | 111.429 |
| | 8 | 6240.000 | 97.500 |
| | 9 | 7020.000 | 86.667 |
| | 10 | 7800.000 | 78.000 |
| | 11 | 8580.000 | 70.909 |
| | 12 | 9360.000 | 65.000 |
| | 13 | 10140.000 | 60.000 |
| | 14 | 10920.000 | 55.714 |
| | 15 | 11700.000 | 52.000 |
| | 16 | 12480.000 | 48.750 |
| | 17 | 13260.000 | 45.882 |
| | 18 | 14040.000 | 43.333 |

图 B. 2　晶体振荡器分析仪的局部视图（它能计算到 100 次谐波）

## B. 3　如何创建电子表格

编程输入：

B7 is the frequency to be analyzed and the cell is labeled "freq."
B8 through B107 is a numbered list 1 through 100.

C8：= freq

C9：= freq * B9（then copy down through C107）

D8：= freq

D9：= freq/B9（then copy down through C107）

Add the header, instructions, and labeling and you're done!

## B. 4　如何获取电子表格

这种电子表格（及更多内容）也可从作者的个人网站下载：

Patrick André 个人网站网址为 http：//andreconsulting. com。

Kenneth Wyatt 个人网站网址为 http：//emc - seminars. com。

# 附录 C　使用电抗图

## C.1　概述

通过在电抗（也称为阻抗）图上画出简单电路的伯德图（频率响应特性图，俗称伯德图）的方法，就能快速地表示出电路的阻抗与频率之间的关系。这种方法能很方便且快速地粗略画出简单 $R - L - C$ 电路的频率响应。

电抗图是在一张图上使用对数坐标表示出电阻、电容、电感和频率之间的关系，如图 C.1 所示。因此对于初学者，使用起来有些费劲。

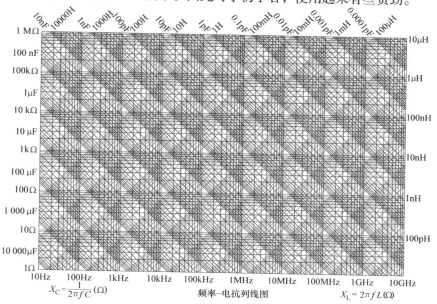

图 C.1　电抗图示例（$x$ 轴为频率，$y$ 轴为阻抗；下行斜线表示电容，上行斜线表示电感；RF Café 授权使用）

电阻或阻抗（Ω）为水平线。电容（F）由从左上到右下的斜线表示。电感（H）由从左下到右上的斜线表示。$x$ 轴为频率（Hz），$y$ 轴为阻抗（Ω）。

如果我们沿线寻找特定电容，由于其从左上到右下移动，因此阻抗线和频率线的交点为电容。此交点给出了每个特定频率时电容器的特征阻抗。同样，电感从左下到右上移动，因此阻抗线和频率线的交点为电感。

## C. 2 阻抗图示例

阻抗图或许多其他资源可免费从此网址下载：http：//www.printablepaper. net/preview/。

## C. 3 示例 1

画出如下电路的阻抗曲线：引线电感为 $1\mu H$，与 $0.1\mu F$（100nF）的电容器并联，然后再与 $100\Omega$ 的源阻抗串联。等效的串联电阻（ESR）是多大呢？找到 $0.1\mu F$ 的电容线，在其上画线；然后找到 $1\mu H$ 的电感线，在其上面画线。可以参考图 C. 2 和图 C. 3 所示。

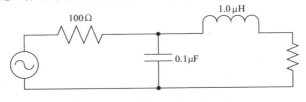

图 C. 2 示例 1 的电路图

## C. 4 示例 2

一个 $0.01\mu F$ 的电容器具有 $10\mu H$ 的电感时，阻抗曲线的谐振频率为 500kHz，特征阻抗为 $30\Omega$。为了对此谐振进行临界抑制，我们在此储能电路中使用 $30\Omega$ 的电阻。知道这一点非常重要。

如果我们发现在交点处存在谐振峰值，这种谐振可用交点处所示的电阻进行抑制。较小的电阻会对谐振峰值抑制得不够；而较大的电阻则会对谐振峰值进行过抑制，从而降低了电容器的有效性。在这种情况

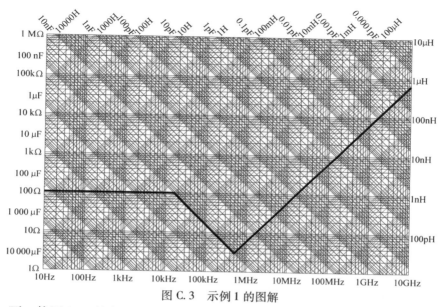

图 C.3　示例 1 的图解

下，使用 30Ω 的电阻则会产生临界抑制。示例 2 的图解如图 C.4 所示。

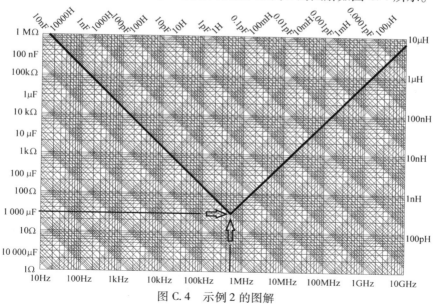

图 C.4　示例 2 的图解

# 参 考 文 献

1. Nave, M., The Magic of Impedance Paper, *In Compliance Magazine* (February 2012), http://www.incompliancemag.com/index.php?option= com_content&view=article&id=955:the-magic-of-impedance-paper&catid=69: by-my-calculations&Itemid=212
2. K&E Reactance graph paper, http://www.mccoys-kecatalogs.com/KESpecial Calc/KEGraphPaper.htm
3. Frequency-Reactance Nomograph (plus free downloadable graph paper), RF Café, http://www.rfcafe.com/references/electrical/frequency-reactance-nomograph.htm
4. Free downloadable graph paper is available from Printable Paper: http://www. printablepaper.net/preview/impedance-graph-paper

# 附录 D   推荐的 EMI 故障排除工具箱

## D. 1   概述

当去符合性实验室进行试验时，通常不要幻想着符合性实验室拥有我们需要的所有工具和设备。如果我们的产品需要使用特殊的工具来移去硬件，或者我们需要修补或重做连接器，那么我们更需要自带工具和设备。

此外，这里我们推荐一些典型的 EMI 故障排除工具。这些特定的设备仅作为推荐；许多其他制造商的设备也有同样的故障排除功能。

## D. 2   在符合性实验室进行试验时所带的物品

当我们去符合性实验室时，即使在一定程度上相信产品能通过试验，但保持如下的想法通常是很明智的：在符合性实验室我们可能需要对产品进行修改、修补或面临一定的挑战。产品即使看起来是最小的毛病，也能产生问题。在一些产品的辐射发射中，单个开口和跨接线曾使辐射发射电平增加了 20dB。

在我们到符合性实验室之前，要有这样的想法：我们可能需要对产品进行更改且会碰到好多问题。这有助于我们提前做好准备。因此，做好以下几方面的准备，能避免我们的产品延迟通过试验：

- 电路图。
- 布线图。
- 试验程序和试验规范。
- 合格/不合格判据（即什么是合格的，什么是不合格的）的特定列表。
- 打开设备并进行整改的特殊工具。
- 整改时需要的文件或许可。
- 工程师、技术人员或项目经理的电话号码。
- 烙铁。
- 替换连接器、插针和修理连接器的工具。
- 修改电路以通过试验的电容器和电感器。
- 能够发送和接收电子邮件及进行网络搜索的计算机。

## D. 3　基本故障排除工具

将故障排除工具（包括较好的频谱分析仪之一，见 D. 5 节）配备齐全需要花费大约 3000 ~ 4000 美元。

推荐的这些工具大多数可放进美国 Pelican 公司型号为 1514（或等同的）具有加垫隔间的安全箱内，如图 D. 1 所示。Pelican 公司型号为 1519 的有盖安全箱，需要额外花费 30 美元，可用于放置电缆、小型手持工具和小附件。

基于所选的频谱分析仪，下面给出了花费可能最少的工具列表：

- 频谱分析仪（推荐的频谱分析仪见 D. 5 节）。
- 频率范围为 20 ~ 3000MHz 的宽带预放大器（美国 Mini Circuits 公司的 ZX60 – 3018G – S 或等同的，价格为 50 美元，如图 D. 2 所示）。
- 美国 Harbor Freight Tools 连锁店的数字多用表（考虑尺寸小的价格便宜的一个型号）或等同的。
- 美国 Family Radio Service 模式的无线电对讲机（用于辐射抗扰度试验，每对的价格为 30 美元，如图 D. 3 所示）。

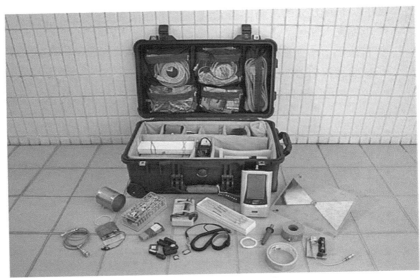

图 D.1　可放进美国 Pelican 公司型号为 1514 的
具有加垫隔间安全箱内的早期的 EMI 故障排除工具

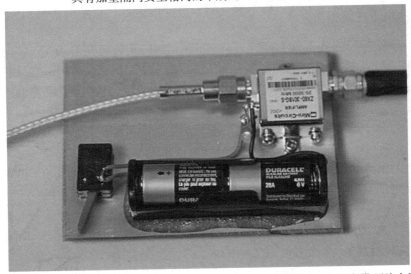

图 D.2　安装在 PCB 上的频率范围为 20～3000MHz、增益为 20dB 的宽带预放大器
（美国 Mini Circuits 公司；由安装在单个 AA 电池盒内的两节 6V 电池供电）

图 D.3　具有代表性的功率为 0.5W 和频率为 465MHz 的美国 Family Radio Service
模式的无线电对讲机（其他国家也有类似免照的可用于
简单辐射抗扰度试验的无线电对讲机）

- 检测 ESD 和谐波的 AM 收音机，如图 D.4 所示。

图 D.4　AM 频段的收音机可用于 ESD 检测的 "喀呖声"

- UHF 频段的蝶形电视天线（价格为 10 美元）或 400～1 000MHz 的

对数周期天线，如图 D.5 和图 D.6 所示，详见 http://www.wa5vjb.com。

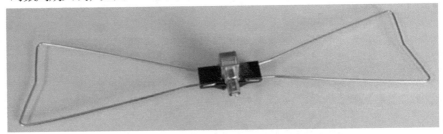

图 D.5　用于频段 300~800MHz 的蝶形电视天线

图 D.6　频段 400~1 000MHz 的较大的对数周期天线（最小的
对数周期天线频率可到 6.5GHz；详见 http://www.wa5vjb.com）

- VHF 频段的兔耳形电视天线（见图 D.7）或调频偶极子天线。
- 压电 BBQ 启动器（用于模拟 ESD，见图 D.8）。
- 常闭继电器（就是所谓的抖动继电器），继电器线圈通过导线
与触点相连。
- 装有一些硬币的塑料袋（用于产生 ESD）。

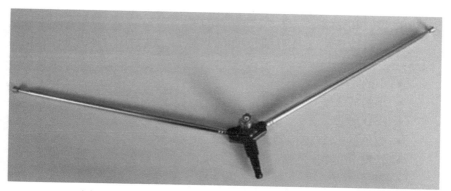

图 D.7　频段 65～200MHz 的可调节的兔耳形电视天线

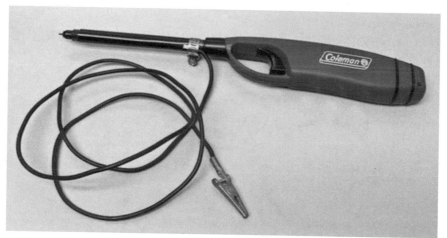

图 D.8　美国 Coleman 牌的点火器（该点火器比较独特，丁烷具有独立的开关，不需要清空贮存器；使用 Dremel 电动工具切开金属后罩暴露出顶端，连接一定长度的接地导线；当按动触发器时由压电元件能产生大约 4～6kV 的电压脉冲）

- 小的驱动器（能模拟各种比特）。
- 各种手持工具。
- 电动螺钉旋具（俗称电动螺丝刀），如 Ryobi Model HP53L（价格 30 美元）。
- SMA 连接器扳手。
- 笔形烙铁（Weller WM120，价格 40 美元）。

- 焊料和锡线。
- 牙科检查镜（具有细长把的小镜子，用于在有限空间内进行探测）。
- 小的手电筒。
- 小的放大镜。
- ESD 腕带。
- 简单的 ESD 模拟器。
- 卷尺（英制/公制）。
- 镊子。
- 导线（各种尺寸和长度）。
- 导线带或扎线带，用于导线的捆扎、布线和电缆屏蔽层的搭接。
- 自制的磁场和电场探头（其中心导体焊接到屏蔽层上的半刚性电缆，如图 D.9 和图 D.10 所示）。

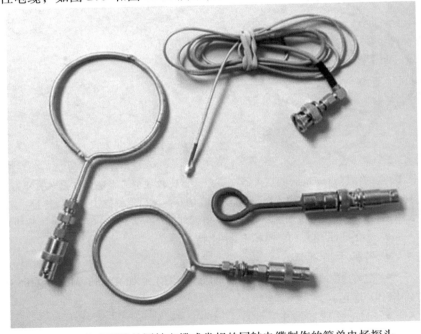

图 D.9　由半刚性的同轴电缆或常规的同轴电缆制作的简单电场探头

图 D.10　BNC 到 RCA 的适配器可制成较好的电场探头（一定要使用胶带或其他
绝缘材料对顶端进行绝缘以避免电路的短路；另外一种可供选择的
方法是使用一条剥掉一部分屏蔽层的同轴电缆）

- 自制电流探头（见图 D.11 和图 D.12）。

图 D.11　在环形磁心上绕制的自制电流探头（没有屏蔽电场的作用；为了对电场
进行屏蔽，一定要使用铝箔或铜带覆盖磁心，仅围绕磁心的内部留一个窄的缝隙）

- 10dB 和 20dB 衰减器（美国 Mini Circuits 公司的 VAT－10W2、
VAT－20W2、HAT－10＋、HAT－20＋，价格分别为 12 美元和 9 美
元，连接头为 SMA 或 BNC）。

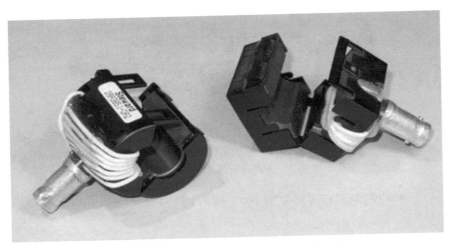

图 D. 12   使用标准的夹式铁氧体扼流圈自制的电流探头

- 不同的同轴适配器。
- 铝箔（折叠携带 1～2ft² 或如工具箱有空间可携带一整卷）。
- 铜带（也可以使用防蜗牛铜带，一般的五金/园艺店有售，价格为 EMI 级铜带的 1/10）。
- 绝缘 Kapton 胶带或 PVC 胶带。
- EMI 衬垫（可向制造商要些样品）。
- 铁氧体扼流圈（贴片式磁珠和引脚式磁珠、夹式铁氧体；可向制造商要些样品）。
- 电容器（贴片式和引脚式，电容值为 100pF、1/10/100nF、1/4. 7/10μF）。
- 电阻器（贴片式和引脚式，电阻值为 1/10/27/47/100/470/1k/10k/100kΩ）。
- 电感器（贴片式和引脚式，电感值为 1/10/100/1000μH）。
- 共模扼流圈（贴片式和引脚式，可向制造商要些样品）。
- 具有短线接头的外置线路滤波器（使用在电源线和产品之间）。
- 小的（5in × 5in 的裸板）覆铜的 PCB（用于屏蔽体；放置在

塑料包里进行绝缘）。

- 夹子线（1m 长）。
- 1m 长的不同的 I/O 电缆（如 USB、RS－232、视频 VGA）。
- 不同的具有 BNC 和 SMA 连接头的同轴电缆。
- 通过接触电路板或连接器的插针，金属编织针可用作天线。由于为金属材质，所以它们可作为延长天线。如果电路连接器的插针为射频源，当使用金属编织针接触插针时辐射将会增加。出于安全考虑，一定要确保编织针手持端的绝缘（见图 D.13）。

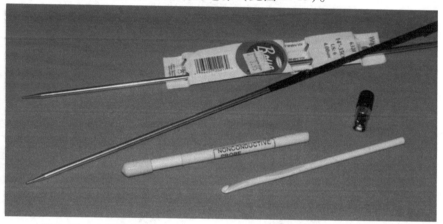

图 D.13　金属编织针（可用于对连接器插针上的射频能量进行试验，
详见正文；塑料针钩可用于操作电缆来避免接触）

- 不用接触设备，可用塑料编织针、钩针或探头来操作导线或对设备的外壳进行按压（这能改变设备的有效辐射）。

## D.4　故障排除工具的附加选择和升级

如果预算允许，我们可以考虑对一些主要的设备和探头进行升级。这里我们推荐一些设备（或者找一些类似的设备）。D.5 节给出了低成本频谱分析仪的相关信息。

- 近场探头组，如美国 Beehive 公司的近场探头组（见图 D.14，其售价为 295 美元）或其他制造商的类似设备。对于 Beehive 公司的探头，由于使用了不常用的 SMB 连接器，因此最好购买它们的电缆和适配器组件（SMA 或 BNC）。

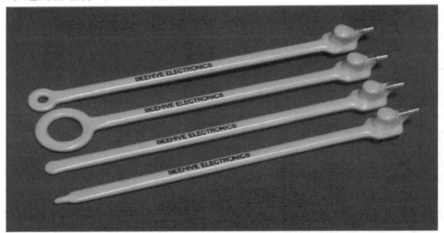

图 D. 14　售价为 295 美元的美国 Beehive 公司的近场探头组（磁场和电场）

- 宽带预放大器，如 Beehive 公司的型号为 150A（频率范围 150kHz ~ 6GHz）、Com – Power 公司的或其他制造商的同类产品，如图 D. 15 和图 D. 16 所示。

图 D. 15　美国 Beehive Electronics 公司生产的频率范围为 150kHz ~ 6GHz、增益为 30dB 的宽带预放大器（售价为 525 美元）

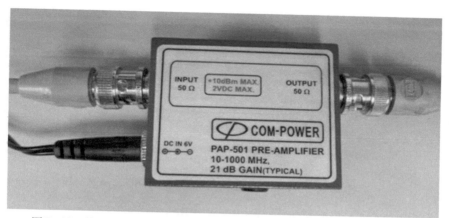

图 D. 16　美国 Com – Power 公司生产的频率范围为 10 ~ 1000MHz、增益为
21dB 的宽带预放大器（售价为 475 美元）

- 电流探头（美国 Fischer Custom Communication 公司的型号为
F – 33 – 1或其他制造商的同类产品；频率范围为 10kHz ~ 250MHz，价
格为 1200 美元，见图 D. 17）。

图 D. 17　美国 Fischer 公司的型号为 F – 33 – 1 的钳式电流
探头匹配组（频率范围为 10kHz ~ 250MHz）

- ESD 检测器（美国 3M 公司有几个型号，见图 D. 18）。

图 D. 18　美国 3M 公司生产的典型商用 ESD 检测器

● ESD 模拟器，如美国 KeyTek 公司的 MiniZap 或其他制造商的类似
产品（当前已停产，但可从二手设备交易网站 surplus equipment 或
eBay 进行购买，见图 D. 19）。

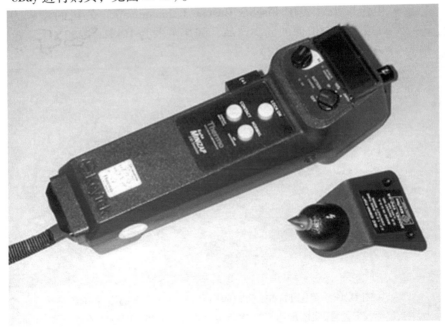

图 D. 19　美国 KeyTek 公司 MiniZap 便携手持式 ESD 模拟器（试验电压可到 15kV；
图中给出了接触放电头；这种型号已经停产，但可能从某些渠道买到）

- 数字示波器（见本书附录 E.6 的推荐）。
- 示波器探头，两个（衰减为 1∶1，带宽最少为 500MHz，每个的价格为 1 000 美元）。
- 美国 Advance Devices 公司 Smart Tweezer 牌型号为 ST5 的智能镊子式 RLC 表，用于识别无标志的表面贴装式（和引脚式）元器件，价格为 387 美元，如图 D.20 所示。

图 D.20　Smart Tweezer 牌 RLC 表（对测量表面贴装式元器件很有帮助）

## D.5　选择频谱分析仪

用于 EMI 故障排除的最基本的工具为频谱分析仪。我们可以花费大约 10 000 美元购买一台不错的便携式频谱分析仪；或者如果不介意 30~80lb 的重量或旧品，可以花费 1000~5000 美元购买一台二手频谱分析仪。这里推荐一些频谱分析仪供读者选择。

RF Explorer 系列低成本频谱分析仪（见图 D.21）由西班牙 Ariel Rocholl 公司设计，由为业余无线电爱好者提供电子设备的中国厂商（见 http：//www. seeed studio. com）制造。RF Explorer 3G Combo 的型号为 WSUB3G 的频谱分析仪，售价为 269 美元，频率范围为 15MHz ~ 2.7GHz。作者把它和 Beehive 探头配合使用，能很好地用于整体故障排除。这种频谱分析仪的用户界面十分有限，因此会发现其速度要比常用的全尺寸频谱分析仪慢一些。但其价格有优势，能很好地用于整体故障排除。并且，该产品还免费提供 PC 和 Mac 控制软件。

最终，我们肯定想购买（或试用）一台功能更多的频谱分析仪。

图 D. 21   RF Explorer 型号为 WSUB3G 的频谱分析仪
（手持式，售价为 269 美元，频率范围为 15MHz ~ 2. 7GHz）

英国 Thurlby Thandar instruments（TTi）公司的 PSA2702T，为手持式，体积小，频率范围为 1 ~ 2700MHz，价格为 1800 美元，能很好地用于故障排除，如图 D. 22 所示。美国的经销商见 http：//www. newark. com。

另外一种低成本的频谱分析仪为加拿大 Triarchy Technologies 公司的 TSA5G35。其价格为 599 美元，如图 D. 23 所示。它比闪存卡稍大一点，由免费的 PC 软件进行控制，如图 D. 24 所示。

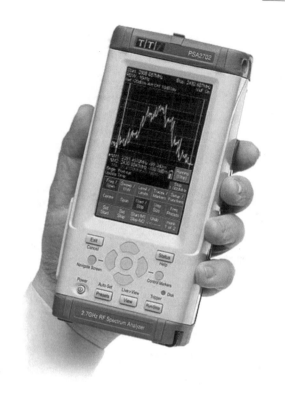

图 D. 22　英国 TTi 公司的型号为 PSA2702T 的频谱分析仪
（手持式频谱分析仪，频率范围为 1 ~2700MHz，可放进防滚箱内）

　　如果我们想购买一台台式频谱分析仪，那么可选择中国 Rigol 公司 DSA815TG 型频谱分析仪，其频率范围为 9kHz ~ 1. 5GHz，基础价格为 1 295 美元，如图 D. 25 所示。其跟踪发生器的价格为 200 美元，具有三种 EMI 分辨率带宽（200Hz、120kHz 和 1MHz）和准峰值检波器的可选件，其价格为 599 美元，这些部件能使频谱分析仪用于预符合性试验及进行整体故障排除。

图 D. 23　加拿大 Triarchy Technologies 公司生产的配合 PC 一起使用的频率范围为 1 ~ 5. 4GHz 的频谱分析仪 TSA5G35（该厂商也能提供频率范围到 12GHz 的型号）

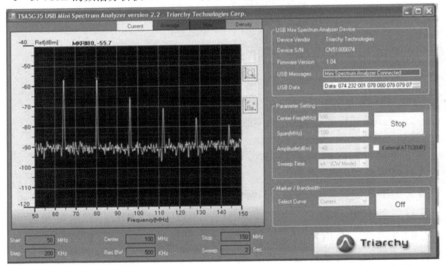

图 D. 24　TSA5G35 测得的由振荡器产生的一些谐波（当这种频谱分析仪用于故障排除时，同大多数实验室级的频谱分析仪相比，其用户界面有限，没法去控制分辨率带宽；详见 http：//www. triarchytech. com）

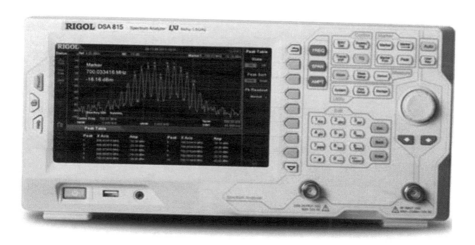

图 D. 25　Rigol 公司 DSA815TG 型频谱分析仪（具有 EMI 选件，
频率范围为 9kHz ~ 1.5GHz，是用于预符合性试验的理想仪器）

为了外出携带方便，TTi 公司的 PSA2702T 是最理想的。Rigol 公司频谱分析仪的优点是更为准确，且包括预放大器、跟踪发生器、EMI 带宽和准峰值检波器（可选件）。然而，对于上述价格，其频率范围仅到 1.5GHz。对于确定谐振和滤波器的响应，跟踪发生器也是很有用的故障排除工具。当然，Rigol 公司频谱分析仪也有频率达到 3GHz 的型号，带有可选件，其价格较高，为 6 000 美元。

## D. 6　选择示波器

示波器是非常有用的故障排除工具，可用于检查数字波形产生的振铃和测量上升时间。许多数字型号的示波器都具有足够宽的带宽，可捕捉 ESD 和其他脉冲信号，能跟踪通过电路的信号。

为了进行通用故障排除，推荐的基本型号要求带宽为 0.5 ~ 1GHz，采样率至少为 4MHz 或更高。这种型号的代表产品有美国 Agilent 公司的 DSO5054A 或 MSO - X 3000 系列，如图 D. 26 所示。德国 Rhode&Schwarz、中国 Rigol、美国 Tektronix 和 Teledyne - LeCroy 公司也有许多相似产品。

图 D. 26　把 EMI 谐波与特定源在时域联系起来的一种非常有用的
仪器为数字示波器（图中所示为美国 Agilent 公司的 MSO – X 3102A）

# 附录 E　滤波器的设计

## E. 1　概述

最有效的滤波电路应靠近连接器放置在 PCB 上。这既适用于信号线，也适用于电源输入线。滤波器的作用是对噪声电流进行阻止和转移。我们使用高的串联阻抗（电阻器、电感器和铁氧体）阻止电流，使用低的并联阻抗（电容器）转移电流。通常情况下，可以期望滤波器能对噪声信号减小大约 30 ~ 40dB，然而我们必须注意不能让滤波器过于影响有用信号。设计滤波器时应记住如下几点：

- 通常最好在产品设计之初就避免产生噪声电流。
- 电缆上的共模扼流圈（如夹式铁氧体）最多能将噪声减小大约 10dB。

滤波器就像一个栅栏，我们应知道边界在哪里：

- 对于输入/输出或电源输入，应在连接器处放置滤波器。

- 对于含有噪声的集成电路，在实际中滤波器应尽可能地接近噪声源来放置。

当设计滤波器和使用滤波元器件时，通常应记住返回路径是滤波器的一部分。如果滤波器（如电容器）接近噪声源放置，但噪声电流回到源具有相当长的返回路径，那么从物理上来说即使电容器接近噪声源，它也不能起到很好的作用。

## E. 2　常用的差模滤波器结构

最佳的滤波器结构取决于源阻抗和负载阻抗，如图 E. 1 所示。这里介绍的是最常用的减少 EMI 的滤波器。在故障排除过程中使用滤波器作为临时解决办法时，一定要确保滤波器的引线长度应尽可能短。

为了进行故障排除，取决于所要滤波的电路，首先应使用低的串联阻抗（20 ~ 200Ω），选择的电容值范围为 1 ~ 10nF。对于 500MHz 以上的滤波器，应使用小电容，如 100pF，其效果会更好一些。对于用于特定情况的滤波器，最好使用 SPICE 仿真器对滤波器进行建模，如美国 Linear Technology 公司的免费的 LTspice（下载链接见 E. 11）。一定要确保滤波器不能过于影响信号完整性。

## E. 3　减慢时钟边沿

通常，时钟振荡器设计时具有非常快的边沿速度，但这对于产品的运行并不是必需的。同时，由于印制线和引线的电感及其他寄生效应，则会出现过冲或振铃现象。快的边沿速度产生的结果是，时钟基频的高次谐波通常具有很高的电平。一定要考虑时钟的时序和歪斜。在许多情况下，可以在时钟输出端插入一个简单的 RC 滤波器（见图 E. 2）以稍微减慢时钟边沿，从而减小高次谐波的幅值。

一种好的办法，是在时钟频率基波的 5 ~ 10 倍处设定幅值衰减 3dB 的频率。一定要仔细检查时钟的信号完整性。使用下述公式计算电容值。

通常情况下，好的做法是使用 27 ~ 51Ω 的小电阻，然后使用下式计算电容值 $C$：

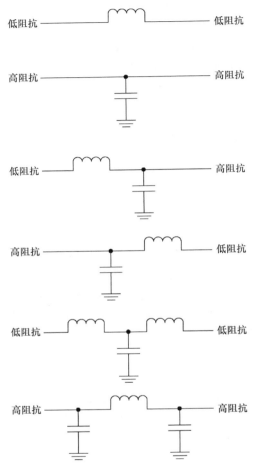

图 E.1 常用的 EMI 滤波器结构（最佳的结构取决于源阻抗和负载阻抗）

$$f_{3\mathrm{dB}} = \frac{1}{2\pi RC}$$

通过减慢时钟边沿，取决于频率，有时能把辐射发射减小 6 ~ 12dB。在实际应用中，通常仅取一个小的电阻串联在时钟的输出端，其与输出电路印制线的寄生电容配合，很有效。这种类型低通滤波器的最佳位置是尽可能地接近时钟发生器。

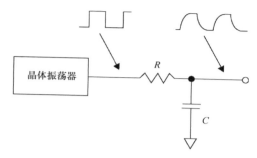

图 E.2　简单的 RC 低通滤波器可减慢时钟信号的
上升时间和大幅地减小时钟谐波的幅值

一般设计上能接受的是保持到基频的十次谐波，有时五次谐波也是可接受的。如果滤波器能起到很好的作用，但截止频率很低，那么它会使数据信号和时钟信号出现失真，影响信号完整性。因此，如果时钟为 12MHz，那么滤波器能在 60～120MHz 起作用则是非常重要的。

## E.4　复位线的滤波

可使用一个简单的低通 RC 滤波器对电路进行加固，以阻止外部脉冲式的能量，如 ESD 或 EFT。许多设计忽略了这样的事实，即处理器的复位线对外部干扰是非常的敏感。通过放置一个低通滤波器或至少使用一个电容器对复位线进行旁路，通常能解决引起产品出现复位的问题。由于 ESD 具有一定的随机性，因此相对来说其危险性不大。

## E.5　布局上的考虑

如滤波器布局考虑得比较周到，是能消除寄生耦合的。这种寄生耦合会影响滤波器的性能。我们来考虑一个简单的 L 形滤波器，使用串联阻抗（电阻器、铁氧体或电感器）和并联电容，如图 E.3 所示。我们应注意的是，与电容器相连的延长的电路印制线是如何与有噪的印制线产生容性或感性耦合的。此外，多余的印制线长度增加了无用电感，这降低了容性并联元件的有效性。通过减小电路印制线的长度和通过多个过孔增加与信号返回平面的连接，我们能够减小这种寄生耦合及旁路路径的阻抗，从而得到性能较好的滤波器。

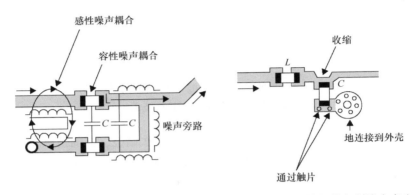

图 E.3　错误的滤波器布局与最佳的滤波器布局（应注意较长的印制线会产生附加电感及两条印制线彼此接近时会产生感性耦合，这会降低滤波性能）

当增加临时的滤波器元器件时，一定要对连接引线进行处理，使其长度最短。即，当连接引线在一起时不会产生感性或容性耦合，尤其是不能旁路掉滤波器元件。当滤波器的输入线和输出线紧耦合时，甚至可能被布置在一起，这样就会旁路掉滤波器。在这种情况下，滤波器的输入线和输出线之间存在大量的交叉耦合，这将显著降低滤波器的有效性。这里应注意滤波器导线的交叉耦合，上段提及的印制线也要非常注意交叉耦合。

图 E.4 给出了一对 π 形滤波器好的布局的示例。在这种布局中，每条印制线穿过滤波器电容到公共连接焊盘的阻抗非常低，公共连接焊盘为印制线之间的中心区域。连接焊盘使用很多从焊盘到参考平面的过孔，这减小了电感，从而减小了从焊盘到参考平面的总阻抗。图E.4 所示例子的布局有助于把视频输入与滤波器的视频输出端进行隔离以减小交叉耦合。同时，通过物理间隔保持音频线和视频线之间的隔离目的是把交叉耦合噪声减至最小。

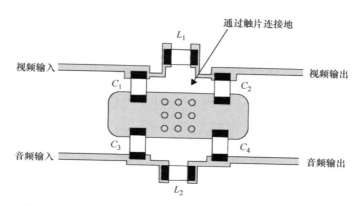

图 E.4 一对 π 形滤波器最佳布置的例子（应注意印制线的
长度及到信号返回平面的路径应最短）

## E.6 使用铁氧体

铁氧体材料有两种类型：镁锌（MnZn）和镍锌（NiZn）。MnZn 通常在频率较低的情况下使用，如开关电源或低频滤波器；NiZn 在频率较高（直到 1GHz）的情况下使用，EMI 通常更多使用的是 NiZn。

常用于 EMI 的大多数铁氧体为 NiZn，仅在大约 10MHz 以上有效，最好的抑制效果大约在 100MHz，这是因为 NiZn 的阻抗通常在 10MHz 以下会快速减小。取决于材料的性能，大多数 MnZn 材料的铁氧体在 0.05 ~10MHz 的频段内有效。由于铁氧体制造商仍继续修改配方，因此今后将会引入带宽更宽性能更好的材料。

铁氧体磁珠或扼流圈的衰减也取决于它们所安装的系统阻抗。图 E.5 给出了 3 种系统阻抗时铁氧体阻抗与衰减之间的关系。

典型系统的阻抗如下：

- 信号和电源平面为 1 ~2Ω。
- 电源印制线为 10 ~20Ω。
- 视频、时钟和数据印制线为 50 ~90Ω。
- 长的数据印制线为 90 ~150Ω（和更大）。

为了计算衰减，我们使用图 E.6 所示的模型。

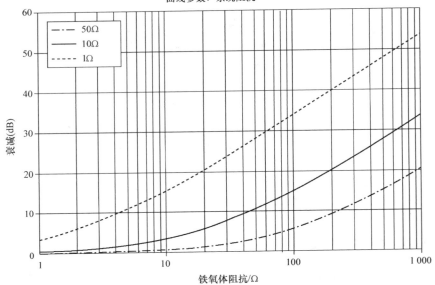

图 E.5  插入损耗（衰减）与铁氧体阻抗之间的关系
（铁氧体磁珠的插入损耗也由系统阻抗决定）

$$A_{dB} = 20\lg\left(\frac{Z_A + Z_F + Z_B}{Z_A + Z_B}\right)$$

式中　$Z_A$——源阻抗；

　　　$Z_B$——负载阻抗；

　　　$Z_F$——滤波器元件的阻抗。

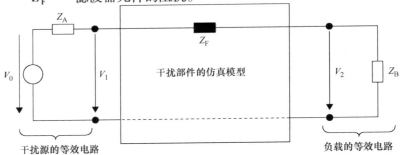

图 E.6  计算铁氧体磁珠插入损耗的模型

**【示例1（数据线滤波器）】**

对于 $300\Omega$ 的数据线，$100MHz$ 时阻抗为 $1000\Omega$ 的 0603 型表面贴装铁氧体（德国 Würth Electronics 公司 P/N 742 - 792 - 66）：

$$A = 20\lg\left(\frac{300 + 1000 + 300}{300 + 300}\right) = 8.5dB$$

**【示例2（电源线滤波器）】**

对于 $10\Omega$ 的电源线，$100MHz$ 时阻抗为 $80\Omega$ 的 1206 型表面贴装铁氧体（德国 Würth Electronics 公司 P/N 742 - 792 - 15）：

$$A = 20\lg\left(\frac{10 + 80 + 10}{10 + 10}\right) = 14dB$$

我们应记住用于电源时，由于偏置电流（直流电流）的增加，铁氧体材料会饱和，从而减小了铁氧体的阻抗。一定要规定铁氧体的材料和物理尺寸，使其在预期的最大电流时仍能提供我们所要求的阻抗。

## E.7　共模数据滤波器

共模滤波器用于抑制离开设备的任何线路上的共模能量。它们可用于电源线，也能有效地用于数据线，如 USB、以太网、CAN、LVDS 和其他 I/O 端口。对于数据线，最佳的方案是使用小的共模扼流圈组成的滤波器，通常为表面贴装封装形式的多单元结构，如图 E.7 所示。有些也集成了 ESD 防护元件。通常情况下，当进行故障排除时，

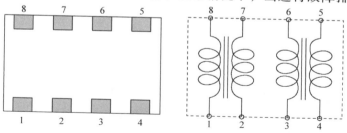

图 E.7　一种典型的表面贴装封装形式的双共模扼流圈（这种扼流圈设计用来对一对差分数据线进行滤波；如果数据线位于 PCB 的上表面层，那么故障排除时可能要切断它们，把共模扼流圈焊接到数据线上）

手边最好有一些这些类型滤波器的样品，这是因为要用分立元件构成这些滤波器是很困难的。

## E.8 交流电源线滤波器

交流电源线滤波器通常包括，与相线和中线相串联的共模扼流圈、Y 电容器（两个 Y 电容器之间的中心抽头连接到外壳地）以及相线和中线之间所连接的 X 电容器，如图 E.8 所示。在回线或中线中包括电感是非常的重要，原因有两点：（1）串联电感可为差模电容器提供阻抗；（2）它能为共模元件保持平衡的电路阻抗。然而，当串联电感和差模电容一起使用时，由于会出现谐振，因此使用时必须注意。如果出现谐振，那么使用一个小电阻与电容器进行串联，则有助于减轻这种振铃。

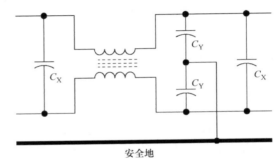

安全地

图 E.8　常用的使用共模和差模滤波元件的交流电源线滤波器

## E.9 直流电源滤波器

对于直流滤波，我们要使用的电路与交流电源线滤波器的电路会稍微有所不同。图 E.9 给出了一种可能的结构，取决于实际应用和所要滤波的频段宽度，有可能只使用更简单的单节滤波器（即含有单个 L－C 的差模部分）。在共模扼流圈和差模电感器的连接处不能有任何类型的电容器，这一点非常重要。

这是因为在此连接点的线与线之间的电容器将会与共模扼流圈的泄漏电感发生串联谐振，从而产生大的差模谐振。由于泄漏电感值通常较

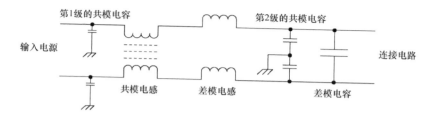

第1级的共模电容　　　　　　　　　　　第2级的共模电容

输入电源　　　　　　　　　　　　　　　　　　　　　连接电路

共模电感　　　差模电感　　　　　　　差模电容

图 E.9　包括共模和差模滤波的多级直流滤波器

小，在此连接点，线与线之间的电容器的值可能较大（>0.1μF），因此，这种谐振将会出现在传导发射试验的频段。

对交流或直流电动机进行滤波时，有时在每一条电源线上仅使用穿心电容器（或 LC 滤波器）即可，电容器的外壳（地连接）要与电动机的外壳或可能的话与系统的外壳进行好的搭接。通常情况下，这些滤波器设计用来进行穿壁安装。这非常有助于把内部噪声和外部环境相隔离，如图 E.10 和图 E.11 所示。

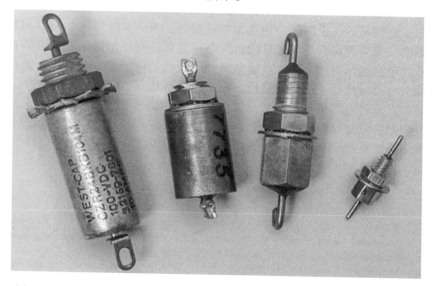

图 E.10　设计用来对直流线进行滤波的典型穿心电容器［电流范围为 1～10A；对直流电源线上 EMI 滤波有效；穿心滤波器（通常设计时具有一节或多节 LC 低通滤波器）对直流电源的滤波更为有效，通常其封装形式与穿心电容器的相同］

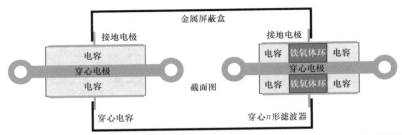

图 E. 11 穿心电容器和穿心 π 形滤波器的安装图（两者通常设计用来对屏蔽产品的直流电源进行滤波；通常情况下，这些滤波器使用在电源的正极线和负极线上，对电源线上高频噪声电流的滤波非常有效）

## E. 10 最后的思考

滤波器的性能取决于所用的性能最差的元件及所安装的路径。选择元件时一定要确保它们所设计的频率范围能满足我们的需要。例如，电解电容器在 30MHz 时并不能起到很好的作用。使用 MnZn 材料的铁氧体在 200MHz 时也并不能起到很好的作用。

记住最后一个问题，它是非常重要的：噪声和能量是如何返回到源的？如果我们有目前最好的滤波电容且邻近噪声电路来布置，但在噪声电流返回到源之前，从该电容到印制线的返回路径，噪声电流围绕着电路板流过了很长的路径，那么这将不是一个很有用的滤波器。

当设计电路板时，不要只依赖所有返回路径的"接地符号"，而要确保搞清楚这些返回路径是怎么布线的？它们要去哪里？它们的长度多长？是否具有低阻抗？知道了这些内容根本不用看接地符号。一定要知道电源返回和信号返回的路径及其布线。

## 参 考 文 献

1. Analog Devices, AN-0971, Recommendations for Control of Radiated Emissions with isoPower Devices, 2008. http://www.analog.com/static/imported-files/application_notes/AN-0971.pdf
2. Armstrong, Choosing and Using Filters, 2001. http://www.compliance-club.com/archive/old_archive/980806.html
3. Intel, AP-589, Design for EMC, Feb. 1999. http://www.intel.com/design/pentiumii/applnots/24333402.pdf
4. Linear Technology, LTspice. www.linear.com/ltspice

5. Linear Technology, LTspice Getting Started Guide. http://cds.linear.com/docs/en/ltspice/LTspiceGettingStartedGuide.pdf

6. Murata, Noise Suppression by EMIFIL Application Guide, Sept. 2013. http://www.murata.com/products/catalog/pdf/c35e.pdf

7. Sanders, Muccioli and Anthony, A Better Approach to DC Power Filtering, 2004. http://www.jastech-emc.com/papers/A%20Better%20Approach%20to%20DC%20Power%20Filtering.pdf

8. Texas Instruments, AN-2162, Simple Success with Conducted EMI from DC-DC Converters, Nov. 2011 (Rev. April 2013). http://www.ti.com/lit/an/snva489c/snva489c.pdf

9. Weir, PDN Application of Ferrite Beads, 2011. http://www.ipblox.com/pubs/DesignCon_2011/11-TA3Paper_Weir_color.pdf

10. Williams (Elmac Services), Using Ferrites for Interference Suppression, 2006. http://www.elmac.co.uk/pdfs/ferrite.pdf

11. Würth Electronics, *The Trilogy of Magnetics—Design Guide for EMI Filter Design*, SMPS and RF Circuits, April 2009

# 附录 F　谐振结构的测量

## F.1　概述

电缆或其他金属结构（类似天线）能与共模电流源相耦合且产生辐射，从而使产品在符合性试验中出现不合格的问题。在故障排除的过程中，确定这些电缆或结构的谐振频率有助于确认它们是否是某些谐波信号的源。

通常，当探测电路板或测量产品的发射时，我们可能会发现一组单个谐波。这些单个谐波在给定的频率范围内幅值最大。这可能表明金属结构或电缆在这些幅值最大的频率上产生了谐振。通过分析电缆或金属结构的长度是否为半波长或 1/4 波长，可以识别是哪些电缆或金属结构产生了问题，并使用某些方式进行整改。为了进行这种分析，我们需要把频率转换为对应的 1/4 波长或半波长，可参考图 F.8 所示进行这种估算。

为了计算波长与频率之间的关系，可使用下式：

$$波长（m）= c/频率（Hz）$$

式中，$c$ 为光速（m/s）；波长的单位为 m；频率的单位为 Hz。光速近似为 $3 \times 10^8$ m/s。我们可以记住一个更简单的计算公式：

波长（m）＝300/频率（MHz）

在两端都与外壳搭接（或浮地，这意味着在两端都不与外壳相连接）的电缆或内部金属结构可能谐振在半波长，而 I/O 电缆（仅一端连接到受试产品）通常会在产品外壳或屏蔽壳体内产生镜像，谐振在1/4 波长。当对任何发射或抗扰度问题进行故障排除时，I/O 电缆也可能是产生问题的源，因此下面给出的例子是基于日常的同轴电缆的。

在半波长谐振的金属结构相当常见，可以建模为半波（或偶极子）天线，如图 F.1 所示。应指出的是，当半波天线谐振时，电流的最大值出现在天线的中心，天线两端的电流值为零。如果金属结构每一端的连接与半波天线相似（与外壳相连或浮地），则这种电流分布是适用的，谐振的条件也将继续适用。对于屏蔽壳体上的开槽或缝隙，它们在所关注的频率上为半波长时，那么这种原理也同样适用。

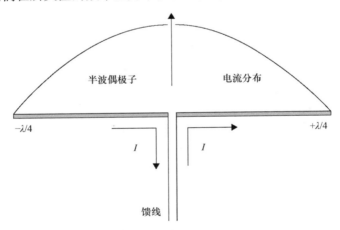

图 F.1  半波偶极子天线在其谐振频率被激励时，电流的最大值出现在天线的
中心，天线两端的电流值为零（因此，如果两端浮地或与外壳相连，
那么这种天线将继续谐振在半波长）

　　接下来我们讨论常见的 1/4 波长天线，有时也称为单极天线。这种天线通常在一端进行激励，被放置在能产生镜像平面的金属反射平面上或一组径向导线上，或者地平面上，如图 F.2 所示。由于 1/4 波长天线实际上并不在谐振，因此它们要通过这种金属反射平面以有效地产生 1/4 波长振子的镜像。这种镜像可以让 1/4 波长的单级天线产生谐振，使其类似半波偶极子天线。

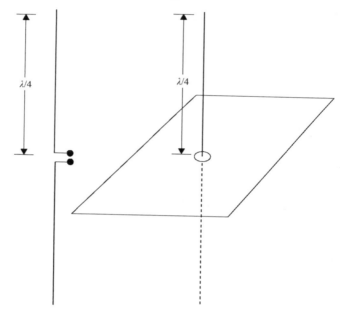

图 F.2　位于金属反射平面上的 1/4 波长单极天线（类似半波偶极子天线）

　　为了理解这种天线是如何工作的，我们应认识到任何金属结构通常都谐振在半波长。1/4 波长结构（或任何电短的金属）的辐射在某种程度上并不如半波长的金属结构那样有效。通常来说，任何金属结构（如电缆）都"想"谐振在半波长的谐振频率及这种半波长频率的整数倍上。如果产品的时钟或高次谐波与电缆的谐振频率相同或接近，那么射频时钟电流可能从源印制线或电缆耦合给附近的谐振电缆，然后谐振电缆将再次产生辐射，峰值出现在半波谐振。对于这种现象，可参见后面的示例。

我们可以测量电缆或金属结构的长度，但通常它们是与其他导电组件相连的，如电路板或托架。由于这些系统内的互相作用，要对系统内的谐振进行预测通常不是很容易的。因此，从系统哪里开始进行故障排除具有一定的不确定性。但这些技术有助于快速地识别系统或产品内潜在的谐振。

重点强调：当对产品进行故障排除时，我们应理解通过改变电缆的布线或使用不同的解决办法能将谐振峰值的频率向上移或向下移。这通常称为"气球效应"。在这种效应中，解决掉频谱中的一部分谐波可能导致另一部分谐波的增加。当进行故障排除时通常要不断地观察整个频段的频谱。

## F.2  谐振结构的测量

谐振测量的方法很多：栅流陷落式测振器、磁场探头及由网络分析仪或带有跟踪发生器的频谱分析仪驱动的电流探头。

虽然我们会去购买栅流陷落式测振器，但由于它们似乎不能与短电缆或金属结构产生好的耦合，因此使用起来是存在问题的且不好使用。几年前，美国 HP 公司的 Scott Roleson 使用磁场探头、20dB 耦合器和网络分析仪，建立了一种独一无二的测量方法。后来，高频测量专家 Doug Smith 参考了这种技术[1]。

Smith 使用 1.8MHz 的梳状发生器和钳在被测电缆上的一对电流探头，也建立了一种独一无二的谐振测量方法[2]。一个探头给被测电缆注入间隔较密的谐波，另一个探头测量谐振电流，如图 F.3 所示。尽管图中所示为商用射频电流探头，但对于这种试验并不是必需的。这样的自制探头[3]也可以很好地用于这种测量方法。若没有网络分析仪或带有跟踪发生器的频谱分析仪，则使用这种技术是很理想的。美国 Applied Electromagnetic Technology（AET）公司[4]的梳状发生器也可以很好地用于这种测量方法，因为它能通过标准的 USB 端口或电池供电的 USB 电源进行供电。

梳状发生器有两种：一种振荡器为 10MHz（型号 USB – S – 10），

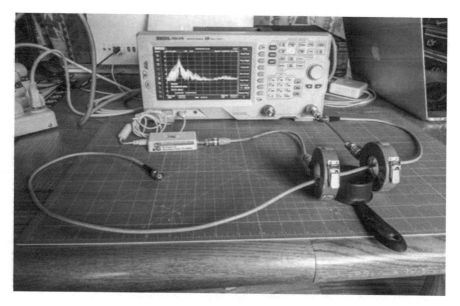

图 F. 3　Doug Smith 的谐振测量方法的布置图（黑色的测量座简单地把电缆
支撑在电流探头的中心，见 http：//www. emcesd. com）

另一种振荡器为 1. 8MHz（型号 USB – S – 1. 8432）。1. 8MHz 的型号更多地用于常见的电缆长度。这些梳状发生器由 Bruce Archambeault 博士设计，其价格相对较低。

图 F. 4 ~ 图 F. 6 给出了使用 1. 8MHz 和 10MHz 梳状发生器及 Rigol DSA815TG 频谱分析仪的跟踪发生器测量的谐振曲线。被测的 BNC 电缆长度约为 51in（约 1. 3m）。既然电缆在两端开路，它应谐振在半波长。使用频率与波长之间的标准关系式，我们计算全波谐振频率为 $c/L = （300/1. 3）$ MHz $\approx$ 230. 7MHz；或对于半波长，谐振频率为 115. 4MHz（自由空间）。由于在铜导线或电缆中光速受绝缘层介电常数的影响，速度大约为自由空间的 0. 8 倍，因此，我们预计实际谐振频率大约为 115. 4MHz × 0. 8 ≈ 92MHz。

我们首先使用 10MHz 的梳状发生器（10MHz 的谐波间隔）。图 F. 4 所示的谐振峰值大约为 90MHz。碰巧的是，电缆的谐振正好落在

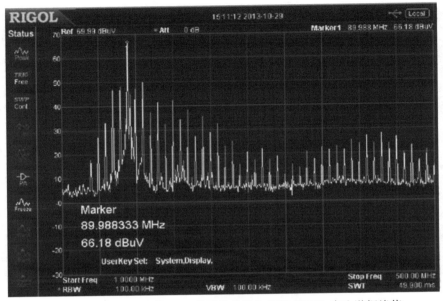

图 F.4　使用 10MHz 的 AET 公司梳状发生器的 90MHz 产生谐振峰值

梳状发生器的一个谐波上。如果它没有发生谐振，峰值将不会是如此明显。我们注意到，梳状发生器的正常谐波在谐振点的任一侧都得到了很大的抑制。

接下来，我们使用 1.8MHz 的梳状发生器（1.8MHz 的谐波间隔），这能注入更多的谐波。图 F.5 给出了结果，可以观察到在谐振频率附近具有更多的一些谐波。电缆的 Q 值可由谐振峰值的宽度和幅值确定。我们也应注意到，图 F.4 和图 F.5 所示的峰值也出现在谐振频率的二次谐波和三次谐波上。由于具有较大的分辨率，这种型号的梳状发生器推荐用于通用的谐振测量。

图 F.6 给出了使用带有跟踪发生器的 Rigol DSA815TG 频谱分析仪得到的结果。从图中可看出，主谐振保持在 90MHz，二次谐振仍可以看出来。由于并不是所有人都能接触到网络分析仪或跟踪发生器，因此把这种 1.8MHz 的梳状发生器增加到故障排除工具里可能会更方便。

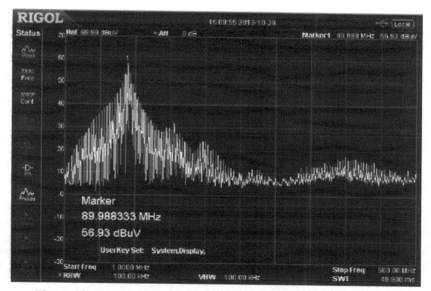

图 F. 5　使用 1. 8MHz 的 AET 公司梳状发生器的 90MHz 产生谐振峰值

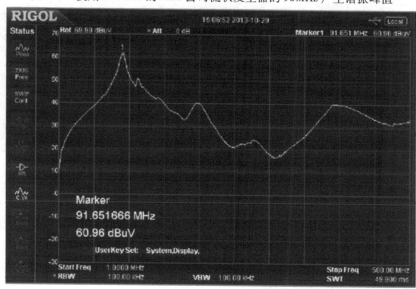

图 F. 6　使用带有跟踪发生器的 Rigol DSA815TG 频谱分析仪的 90MHz 产生谐振峰值

故障排除时能用上的一个重要方面是，在测量电缆的谐振时其是否谐振在 1/4 波长的频率或半波长的频率。对于上述使用隔离电缆的情况（电缆在两端断开），我们预期其会谐振在半波长的频率（两端的阻抗为无限大）。然而，当我们把电缆的一端与产品相连时会出现什么情况呢？如果我们把电缆的一端与外壳地相连，由于在外壳上电缆的反射（或镜像），则可预期此电缆将谐振在 1/4 波长。由于有效偶极子的长度现在为电缆的 2 倍，谐振频率则为电缆两端断开时对应谐振频率的 1/2。图 F.7 所示的新的谐振频率为 46MHz，近似为之前的 1/2。

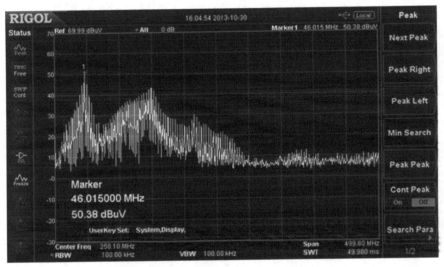

图 F.7　使用 1.8MHz 的 AET 公司梳状发生器时 46MHz 产生谐振峰值
（我们注意到谐振频率减小为原来的 1/2，这表明电缆现在为 1/4 波长的辐射体）

产品的内部电缆可能很难进行测量，但通过测量长度和参考图 F.8，我们可以确定半波长谐振频率或 1/4 波长谐振频率的估计值。如果金属结构使用了某些介电材料，那么对于得到的自由空间频率，一定要乘以 0.6~0.8 的修正因子。

使用简单的工具，我们能测量电缆及与电路板或其他组件相连的

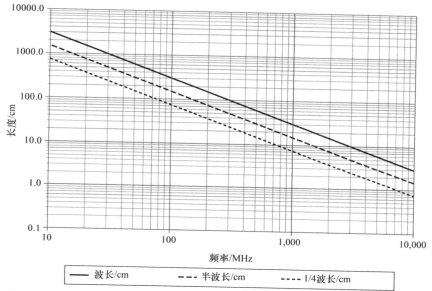

图 F.8　金属结构（自由空间中）的波长、半波长和 1/4 波长与谐振频率之间的
关系曲线（对于位于非空气介质中的金属结构，需要根据介质的速度因子
减小波长；该速度因子与介电常数有关，通常为 0.6 ~ 0.8）

电缆的实际谐振。在 EMI 问题的故障排除过程中，识别电缆或其他结
构的谐振将对我们很有帮助。

## F.3　谐振图

使用图 F.8 所示曲线，我们可以很容易地查找壳体上的开孔、
PCB、电路印制线或电缆的自由空间谐振。正如以上所述的，当金属
结构邻近介电材料时一定要考虑波长的变化。图中给出了 1/4 波长、
半波长和波长与谐振频率之间的关系曲线。

【示例 1】

对于屏蔽壳体上 20cm 长的开孔，半波长的谐振频率是多少？

答：在图 F.8 所示曲线查找长度 20cm 与半波长曲线的交点。谐
振频率大约为 800MHz。

【示例 2】

一端与外壳相连、长度为 1m 的绝缘电缆的谐振频率是多少？

答：我们应考虑以下两个方面。

（1）电缆在一端与产品外壳相连，外壳中将可能映射电缆的镜像，使其长度似乎为原电缆长度的2倍。

（2）电缆使用介电材料进行绝缘，这将减慢波的传播速度，从而有效地减小谐振频率。

首先，假设电缆无介电材料。由于它的一端与产品外壳相连，电缆通常谐振在1/4波长对应的频率，考虑到外壳中映射的相等长度，其似乎成为一个长度是原电缆长度2倍的谐振偶极子。

沿着100cm（即1m）的水平线，查找其与半波长曲线的交点。交点频率为150MHz（在自由空间）。利用图F.8所示曲线对此频率进行解释不太容易，但可以使用式（F.2）计算频率，然后再除以2。为了考虑电缆的介电常数，该频率需要乘以0.6~0.8之间的某个因子。我们已经发现，对于大多数电缆，乘以0.8是合适的。这种一端与产品外壳相连的电缆的谐振频率为150MHz乘以0.8，即120MHz。

【示例3】

频率为100MHz时的波长是多少？

答：100MHz时的波长为300cm（即3m）。

【示例4】

产品内部30cm长的金属片的谐振频率是多少？

答：取决于金属片的端接（两端都与外壳端接或仅一端与外壳端接），30cm长的金属结构将谐振在500MHz的半波长谐振频率或250MHz的1/4波长谐振频率。

# 参 考 文 献

1. Smith, D., "Measuring Structural Resonances," High Frequency Measurements, June 2006, http://www.emcesd.com/tt2006/tt060306.htm
2. Smith, D., "Using a Comb Generator with a Pair of Current Probes to Measure Cable Resonance," High Frequency Measurements, November 2009, http://www.emcesd.com/tt2009/tt110709.htm
3. Wyatt, K., "The HF Current Probe: Theory and Application," *Interference Technology Magazine*, March 2012, http://www.interferencetechnology.com/the-hf-current-probe-theory-and-application/
4. *Applied Electromagnetic Technology*, http://www.appliedemtech.com

# 附录 G　EMC 标准和法规

## G.1　EMC 法规

大多数国家都对在其境内销售的电子产品规定了 EMC 要求。当今的大部分法规和标准都是由成立于 1992 年的欧盟推动而制定的。与欧盟 EMC 标准的修订同步，国际电工委员会（IEC）和国际无线电干扰专门委员会（CISPR）也制定或修订我们目前所用的发射和抗扰度标准。全球大多数的国家都部分或全部采用 IEC 抗扰度标准（IEC 61000 系列）和 CISPR 标准。

**美国**

美国联邦通信委员会（FCC）负责管理所有商用电磁辐射源。FCC 47 CFR 第 15 部分规定了有意和无意辐射源的辐射限值。辐射和传导的 EMI 试验程序按照标准 ANSI C63.4。

美国军用标准 MIL – STD – 461 规定了美国军用产品的 EMC 要求。MIL – STD – 461 的内容包括了辐射和传导敏感度，以及辐射和传导发射的限值。

**欧盟**

欧盟国家规定了电子设备的电磁发射和抗扰度要求。欧盟 EMC 指令（2014/30/EC）表明了电子设备必须满足 EMC 协调标准，试验合格后方能加贴 CE 标志。

欧盟 EMC 指令的相关出版物可通过如下链接得到：

http：//eur – lex. europa. eu/legal – content/EN/TXT/PDF/？ uri = OJ：JOL_2014_096_R_0079_01&from = EN

查询欧盟相关法律的网址为 http：//new. eur – lex. europa. eu/ homepage. html？ locale = en

## G.2　标准化组织

下面给出了一些主要的标准化组织。英国 Intertek 公司出版了一本很好的全球 EMC 符合性指南，即《The Engineer's Guide to Global EMC Requirements》。

主要的标准化组织如下：

American National Standards Institute（http：//www. ansi. org）

ANSI Accredited C63（http：//www. c63. org）

Asia Pacific Laboratory Accreditation Cooperation（http：//www. aplac. org）

Australia/New Zealand EMC Standards（http：//www. anzemc. com/ANZ%20EMC%20Regs_Page_4_B. html）

Canadian Standards Association（http：//www. csa. ca）

China EMC Requirements（http：//china – ccc – certification. com/643. html）

CISPR（http：//www. iec. ch/dyn/www/f? p = 103：7：0：：：：FSP_ORG_ID，FSP_LANG_ID：1298，25）

Electromagnetic Compatibility Industry Association，UK（http：//www. emcia. org）

Electronic Code of Federal Regulations（http：//www. ecfr. gov）

Federal Communications Commission（http：//www. fcc. gov）

IEC（http：//www. iec. ch/index. htm）

IEEE EMC Society Standards Development Committee（http：//standards. ieee. org/develop/project/electromagnetic_compatibility. html）

IEEE Standards Association（http：//www. standards. ieee. org）

International Organization for Standards（http：//www. iso. org/iso/home. html）

Korea Radio Research Agency（http：//rra. go. kr/eng/kics/intro. jsp）

Radio Technical Commission for Aeronautics（http：//www. rtca. org）

Russian Standards and Technical Regulations（http：//runorm. com/? gclid = CNarxaK9g70CFYsWMgod – U4AaA）

SAE EMC Standards Committee（http：//www. sae. org）

Society of Automotive Engineers（http：//www. sae. org/servlets/works/committeeHome. do? comtID = TEVEES17）

Standards Australia（http：//www. standards. org. au/Pages/default. aspx）

United States Department of Defense Specifications and Standards（http：//www. dsp. dla. mil/）

Voluntary Control Council for Interference, Japan（http：//www. vcci. jp/vcci_e/）

## G. 3　常用 EMC 标准

### 商用标准

ANSI C63. 4　　低压电气和电子设备无线电噪声发射测量方法（频率范围9kHz～40GHz）［Methods of Measurement of Radio – Noise Emissions from Low – Voltage Electrical and Electronic Equipment in the Range of 9 kHz to 40GHz］

CISPR 11　　工业、科学和医疗（ISM）射频设备 电磁骚扰特性 限值和测量方法［Industrial, scientific, and medical（ISM）radio frequency equipment Electromagnetic disturbance characteristics Limits and methods of measurement］

CISPR 13　　声音和电视广播接收机及有关设备无线电骚扰特性限值和测量方法［Sound and television broadcast receivers and associated equipment Radio disturbance characteristics Limits and methods of measurement］

CISPR 14 – 1　　家用电器、电动工具和类似器具的电磁兼容 要求 第1部分：发射［Electromagnetic compatibility Requirements for household appliances, electric tools, and similar apparatus Part 1：Emission］

CISPR 14 – 2　　家用电器、电动工具和类似器具的电磁兼容要求第2部分：抗扰度［Electromagnetic compatibility Requirements for household appliances, electrictools, and similar apparatus Part 2：Immunity］

CISPR 16　　　　　无线电骚扰和抗扰度测量设备和测量方法规范 [Specification for radio disturbance and immunity measuring apparatus and methods]

CISPR 20　　　　　声音和电视广播接收机及有关设备抗扰度 限值和测量方法 [Sound and television broadcast receivers and associated equipment Immunity characteristic Limits and methods of measurement]

CISPR 22　　　　　信息技术设备的无线电骚扰限值和测量方法 [Information technology equipment Radio disturbance characteristics Limits and methods of measurement]

CISPR 24　　　　　信息技术设备抗扰度限值和测量方法 [Information technology equipment Immunity characteristics Limits and methods of measurement]

CISPR 32　　　　　多媒体设备电磁兼容发射要求 [Electromagnetic compatibility of multimedia equipment Emission requirements]

CISPR 35　　　　　多媒体设备电磁兼容抗扰度要求 [Electromagnetic compatibility of multimedia equipment Immunity requirements]

FCC Part 15A　　　通用指南、标签和测量信息 [General guidance, labeling, measurement info]

FCC Part 15B　　　无意辐射体（如信息技术设备）[Unintentional radiators (e. g., ITE equipment)]

FCC Part 15C　　　（如遥测、无线麦克风/电话、家庭无线电服务机、Wi – Fi、蓝牙）[Intentional radiators (e. g., telemetry, wireless mics/phones, FRS radios, Wi – Fi, Bluetooth) 有意辐射体]

IEC 61000 – 3 – 2　　电磁兼容第 3 – 2 部分：限值 谐波电流发射限值（设备每相输入电流≤16A）〔Electromagnetic compatibility（EMC）Part 3 – 2：Limits Limits for harmonic current emissions（equipment input current ≤16A per phase）〕

IEC 61000 – 3 – 4　　电磁兼容第 3 – 4 部分：限值 对额定电流大于 16A 的设备在低压供电系统中产生的谐波电流的限制〔Electromagnetic compatibility（EMC）Part 3 – 4：Limits Limitation of emission of harmonic currents in low – voltage power supply systems for equipment with rated current greater than 16A〕

IEC 61000 – 4 – 1　　电磁兼容第 4 – 1 部分：试验和测量技术 抗扰度试验总论〔Electromagnetic compatibility（EMC）Part 4 – 1：Testing and measurement techniques Overview of IEC 61000 – 4 series〕

IEC 61000 – 4 – 2　　电磁兼容第 4 – 2 部分：试验和测量技术 静电放电抗扰度试验〔Electromagnetic compatibility（EMC）Part 4 – 2：Testing and measurement techniques Electrostatic discharge immunity test〕

IEC 61000 – 4 – 3　　电磁兼容第 4 – 3 部分：试验和测量技术 射频电磁场辐射抗扰度试验〔Electromagnetic compatibility（EMC）Part 4 – 3：Testing and measurement techniques Radiated，radio frequency，electromagnetic field immunity test〕

IEC 61000 – 4 – 4　　电磁兼容第 4 – 4 部分：试验和测量技术 电快速瞬变脉冲群抗扰度试验〔Electromagnetic compatibility（EMC）Part 4 – 4：Testing and measurement techniques Electrical fast transient/burst immunity test〕

IEC 61000 - 4 - 5    电磁兼容第 4 - 5 部分：试验和测量技术 浪涌（冲击）抗扰度试验 [Electromagnetic compatibility (EMC) Part 4 - 5: Testing and measurement techniques Surge immunity test]

IEC 61000 - 4 - 6    电磁兼容第 4 - 6 部分：试验和测量技术 射频场感应的传导抗扰度试验 [Electromagnetic compatibility (EMC) Part 4 - 6: Testing and measurement techniques Immunity to conducted disturbances, induced by radio frequency fields]

IEC 61000 - 4 - 8    电磁兼容第 4 - 8 部分：试验和测量技术 工频磁场抗扰度试验 [Electromagnetic compatibility (EMC) Part 4 - 8: Testing and measurement techniques Power frequency magnetic field immunity test]

IEC 61000 - 4 - 11    电磁兼容第 4 - 11 部分：试验和测量技术 电压暂降、短时中断和电压变化的抗扰度试验 [Electromagnetic compatibility (EMC) Part 4 - 11: Testing and measurement techniques Voltage dips, short interruptions, and voltage variations immunity tests]

### 医用电气设备标准

IEC 60601 - 1 - 2    医用电气设备 第 1 - 2 部分：安全通用要求 并列标准：电磁兼容 要求和试验 [Medical electrical equipment Part 1 - 2: General requirements for basic safety and essential performance Collateral standard: Electromagnetic compatibility Requirements and tests]

**汽车标准**

CISPR 12

车辆、船和由内燃机驱动的装置无线电骚扰特性　限值和测量方法［Vehicles, boats, and internal combustion engine – driven devices Radio disturbance characteristics Limits and methods of measurement for the protection of receivers except those installed in the vehicle, boat, or device itself or in adjacent vehicles, boats, and devices］

CISPR 25

车辆、船和内燃机 无线电骚扰特性 用于保护车载接收机的限值和测量方法［Radio disturbance characteristics for the protection of receivers used on board vehicles, boats, and on deceives Limits and methods of measurement］

ISO 7637 – 1

道路车辆 由传导和耦合引起的电骚扰 第1部分：定义和一般描述［Road vehicles Electrical disturbances from conduction and coupling Part 1: Definitions and general considerations］

ISO 7637 – 2

道路车辆 由传导和耦合引起的电骚扰 第2部分：沿电源线的电瞬态传导［Road vehicles Electrical disturbances from conduction and coupling Part 2: Electrical transient conduction along supply lines only］

ISO 7637 – 3

道路车辆 由传导和耦合引起的电骚扰 第3部分：除电源线外的导线通过容性和感性耦合的电瞬态发射［Road vehicles Electrical disturbance from conduction and coupling Part 3: Vehicles with nominal 12 V or 24 V supply voltage Electrical transient transmission by capacitive and inductive coupling via lines other than supply lines］

ISO 10605         道路车辆 静电放电产生的电骚扰试验方法 [Road vehicles Test methods for electrical disturbances from electrostatic discharge]

ISO/TS 21609     道路车辆后装射频发射设备的 EMC 指南 [Road vehicles (EMC) guidelines for installation of aftermarket radio frequency transmitting equipment]

ISO 11451 – 1     道路车辆 车辆对窄带辐射电磁能的抗扰度试验方法 第 1 部分：通用原理和术语 [Road vehicles Vehicle test methods for electrical disturbances from narrowband radiated electromagnetic energy Part 1：General principles and terminology]

ISO 11451 – 2     道路车辆 车辆对窄带辐射电磁能的抗扰度试验方法 第 2 部分：车外辐射源法 [Road vehicles Vehicle test methods for electrical disturbances from narrowband radiated electromagnetic energy Part 2：Off – vehicle radiation sources]

ISO 11451 – 4     道路车辆 车辆对窄带辐射电磁能的抗扰度试验方法 第 4 部分：大电流注入法 [Road vehicles Vehicle test methods for electrical disturbances from narrowband radiated electromagnetic energy Part 4：Bulk current injection]

ISO 11452 – 1     道路车辆 零部件对窄带辐射电磁能的抗扰度试验方法 第 1 部分：通用原理和术语 [Road vehicles Component test methods for electrical disturbances from narrowband radiated electromagnetic energy Part 1：General principles and terminology]

ISO 11452 – 2　　道路车辆 零部件对窄带辐射电磁能的抗扰度试验方法 第2部分：电波暗室法［Road vehicles Component test methods for electrical disturbances from narrowband radiated electromagnetic energy Part 2：Absorber – lined shielded enclosure］

ISO 11452 – 3　　道路车辆 零部件对窄带辐射电磁能的抗扰度试验方法 第3部分：横电磁波小室法［Road vehicles Component test methods for electrical disturbances from narrowband radiated electromagnetic energyPart 3：Transverse electromagnetic mode cell］

ISO 11452 – 4　　道路车辆 零部件对窄带辐射电磁能的抗扰度试验方法 第4部分：大电流注入法［Road vehicles Component test methods for electrical disturbances from narrowband radiated electromagnetic energy Part 4：Bulk current injection］

ISO 11452 – 5　　道路车辆 零部件对窄带辐射电磁能的抗扰度试验方法 第5部分：带状线法［Road vehicles Component test methods for electrical disturbances from narrowband radiated electromagnetic energy Part 5：Stripline］

ISO 11452 – 7　　道路车辆 零部件对窄带辐射电磁能的抗扰度试验方法 第7部分：射频（RF）功率直接注入法［Road vehicles Component test methods for electrical disturbances from narrowband radiated electromagnetic energy Part 7：Direct radio frequency（RF）power injection］

ISO 11452 - 8      道路车辆 零部件对窄带辐射电磁能的抗扰度试验方法 第 8 部分：磁场抗扰度 ［Road vehicles Component test methods for electrical disturbances from narrowband radiated electromagnetic energy Part 8：Immunity to magnetic fields］

ISO 11452 - 10      道路车辆 零部件对窄带辐射电磁能的抗扰度试验方法 第 10 部分：扩展音频范围的传导骚扰抗扰度 ［Road vehicles Component test methods for electrical disturbances from narrowband radiated electromagnetic energy Part 10：Immunity to conducted disturbances in the extended audio frequency range］

J1113/1      车辆、船（不大于 15m）和机械装置（飞机除外）零部件电磁兼容测量程序和限值（50Hz 到 18GHz）［Electromagnetic Compatibility Measurement Procedures and Limits for Components of Vehicle, Boats（Up to 15m）, and Machines（Except Aircraft）（50 Hz to 18 GHz）］

J1113/2      250kHz - All Leads 车辆（飞机除外）零部件电磁兼容测量程序和限值 - 传导抗扰度（15Hz ～ 250kHz）——所有线束 ［Electromagnetic Compatibility Measurement Procedures and Limits for Vehicle Components（Except Aircraft）- Conducted Immunity, 15 Hz to］

J1113/4      辐射电磁场抗扰度——大电流注入法 ［Immunity to Radiated Electromagnetic Fields - Bulk Current Injection Method］

J1113/11　　　　　　　电源线上的传导电瞬态抗扰度〔Immunity to Conducted Transients on Power Leads〕

J1113/12　　　　　　　除电源线外的导线通过传导、容性和感性耦合的电干扰〔Electrical Interference by Conduction and Coupling Capacitive and Inductive Coupling via Lines Other than Supply Lines〕

J1113/13　　　　　　　车辆零部件电磁兼容测量程序 第 13 部分：静电放电抗扰度〔Electromagnetic Compatibility Measurement Procedure for Vehicle Components Part 13：Immunity to Electrostatic Discharge〕

J1113/21　　　　　　　车辆零部件电磁兼容测量程序 第 21 部分：电磁场抗扰度（电波暗室法，30MHz ~ 18GHz）〔Electromagnetic Compatibility Measurement Procedure for Vehicle Components Part 21：Immunity to Electromagnetic Fields，30MHz to 18GHz，Absorber – Lined Chamber〕

J551/5　　　　　　　　电动车磁场强度和电场强度的性能水平以及测量方法（宽带，9kHz ~ 30MHz）〔Performance Levels and methods of Measurement of Magnetic and Electric Field Strength from Electric Vehicles，Broadband，9kHz to 30MHz〕

**军用与航空和航天标准**

AIAA S – 121　　　　　空间设备和系统的电磁兼容要求〔Electromagnetic Compatibility Requirements for Space Equipment and Systems〕

ADS – 37A – PRF    电磁环境效应的性能和验证要求 ［Electro-magnetic Environmental Effects（E3）Performance and Verification Requirements（Free，public domain）］

ADS – 65 – HDBK    光电传感系统适航资格和验证指南 ［Airworthiness Qualification and Verification Guidance for Electro – optical and Sensor Systems（Free，public domain）］

FAA AC 20 – 136B    飞机电气/电子系统间接雷电效应的空中防护 ［Air Protection of Aircraft Electrical/Electronic Systems Against the Indirect Effects of Lightning（Free，public domain）］

MIL – HDBK – 237    电磁环境效应和采集过程的频谱保障指南 ［Electromagnetic Environmental Effects and Spectrum Supportability Guidance for the Acquisition Process（Free，public domain）］

MIL STD – 461    分系统和设备电磁干扰特性控制要求 ［Requirements for the Control of Electromagnetic Interference Characteristics of Subsystems and Equipment（Free，public domain）］

MIL – STD – 464    系统电磁环境效应要求 ［Electromagnetic Environmental Effects Requirements for Systems（Free，public domain）］

NAWCADPAX – 98 – 156 – TM    美国民用飞机强辐射场外部环境 ［High Intensity Radiated Field External Environments for Civil Aircraft Operating in the United States of America（Free，public domain）］

| | |
|---|---|
| RTCA DO – 160 | 机载设备环境条件和试验程序［Environmental Conditions and Test Procedures for Airborne Equipment］ |
| S9407 – AB –HBK – 010 | 光电传感系统适航资格和验证指南［Airworthiness Qualification and Verification Guidance for Electro – optical and Senor Systems（Free，public domain）］ |
| SAE ARP5412B | 飞机雷电环境和有关试验波形［Aircraft Lightning Environment and Related Test waveforms］ |
| SAE ARP 5413 | 飞机电气/电子系统间接雷电效应认证［Certification of Aircraft Electrical/Electronic Systems for the Indirect Effects of Lightning］ |
| SAE ARP 5415 | 飞机电气/电子系统间接雷电效应认证使用手册［Use's Manual for Certification of Aircraft Electrical/Electronic Systems for the Indirect Effects of Lightning］ |
| SAE ARP 5416 | 飞机雷电试验方法［Aircraft Lightning Test Methods］ |
| SAE ARP 5583 | 飞机在强辐射场环境中的认证指南［Guide to Certification of Aircraft in a High – Intensity Radiated Field（HIRF）Environment］ |

# 附录 H　EMC 符号和缩略语<sup>⊖</sup>

## H. 1　常用符号

Å，埃，长度单位，1m 的十亿分之一。

---

⊖　参考 ANSI/IEEE 100 – 1984《IEEE 电气和电子术语标准辞典》

A，安培，电流单位。

AC，交流。

AM，调幅。

cm，厘米，1m 的百分之一。

dBm，相对于 1mW 的 dB 值。

dBμA，相对于 1μA 的 dB 值。

dBμV，相对于 1μV 的 dB 值。

DC，直流。

E，电磁场的电场分量。

E/M，电场（$E$）与磁场（$H$）的比值，远场时为自由空间的特征阻抗，近似为 377Ω。

EM，电磁。

EMC，电磁兼容。

EMI，电磁干扰。

FM，调频。

GHz，吉赫兹，为 $10^9$Hz。

H，电磁场的磁场分量。

HF，高频。

Hz，赫兹，频率的单位（周期每秒）。

$I$，电流，单位为 A。

kHz，千赫兹，为 $10^3$Hz。

λ，波长，一个完整的振荡周期内波所传播的距离。

MHz，兆赫兹，为 $10^6$Hz。

μm，微米，长度单位，1m 的百万分之一。

m，米，公制单位中长度的基本单位。

mil，密耳，长度单位，英寸（in）的千分之一。

mW，毫瓦，0.001W。

mW/cm²，毫瓦每平方厘米（每平方厘米的面积上 0.001W），功率单位，$1mW/cm^2 = 10\ W/m^2$。

$P$，功率，单位为 W。

$P_\mathrm{d}$，功率密度，每单位面积上功率的测量单位（$\mathrm{W/m^2}$ 或 $\mathrm{mW/cm^2}$）。

$R$，电阻。

RF，射频。

RFI，射频干扰。

V，伏特，电压单位。

$\mathrm{V/m}$，伏每米，电场强度单位。

$\mathrm{W/m^2}$，瓦每平方米，功率密度单位，$1\,\mathrm{W/m^2}=0.1\,\mathrm{mW/cm^2}$。

$\Omega$，欧姆，电阻单位。

## H.2　EMC 常用缩略语及名词

AF（Antenna Factor），天线系数，接收天线所在处的场强与天线输出端子上的电压之比，单位为 $\mathrm{1/m}$。

ALC（Absorber - Lined Chamber），电波暗室，内部天花板和墙面装有射频吸波材料的屏蔽室。在大多数情况下，地面为反射平面。

AM（Amplitude Modulation），调幅，通过另一含有信息的波的作用使连续波（载波）的振幅发生变化的技术。

BCI（Bulk Current Injection），大电流注入，一种把共模电流耦合到受试设备的电源电缆和通信电缆上的电磁兼容试验。

CE（Conducted Emissions），传导发射，电子设备产生的沿着电源电缆传输的射频能量。

CE Marking CE，标志，表明产品满足所要求的欧盟指令的标志。

CENELEC（European Committee for Electrotechnical Standardization），欧洲电工标准化委员会。

CI（Conducted Immunity），传导抗扰度，电子产品对耦合到电缆和导线上的射频能量抗扰度的度量。

CISPR（Special International Committee on Radio Interference），国际无线电干扰特别委员会。

Conducted，传导，通过电缆或 PCB 的连接线传输能量。

Coupling Path，耦合路径，能量从噪声源传输到受扰电路或系统所经由的结构或媒介。

CS（Conducted Susceptibility），传导敏感度，耦合到输入/输出电缆和电源导线上的会干扰电子设备的射频能量或电气噪声。

CW（Continuous Wave），连续波，具有恒定幅值和频率的正弦波。

DC（Duty Cycle），占空比，和信号断的时间相比，信号通的时间为多长。例如，1%的占空比意味着，设备运行的时间占1%，停止的时间占99%。

EMC（Electromagnetic Compatibility），电磁兼容性，产品在其预期的电磁环境中能共存且不会引起干扰或遭到破坏的能力。

EMI（Electromagnetic Interference），电磁干扰，电磁能量通过辐射或传导路径（或两者皆有）从一台电子装置传播到受扰电路或系统且其电路受到干扰。

EMP（Electromagnetic Pulse），电磁脉冲，雷电或核爆产生的强电磁瞬态。

ESD（Electrostatic Discharge），静电放电，由电火花或二次放电产生的电流中的突发浪涌（正极性或负极性），其会产生电路干扰或使元器件遭到破坏。通常使用上升时间小于1ns和总脉冲宽度近似为微秒级对其进行表征。

EU（European Union），欧盟。

EUT（Equipment Under Test），受试设备，待评估的装置。

FF（Far Field），远场，距离辐射源足够远，辐射场被认为是平面波的区域。

FCC（Federal Communications Commission），［美国］联邦通信委员会。

FM（Frequency Modulation），调频，通过另一含有信息的波的作用使连续波（载波）的频率发生变化的技术。

IEC（International Electrotechnical Commission），国际电工委员会。

ISM（Industrial, Scientific and Medical equipment），工业、科学和医疗设备，一类电子设备，包括工业控制器、试验和测量设备、医疗产品和其他科学设备。

ITE（Information Technology Equipment）信息技术设备，一类覆盖范围很宽的电子设备，包括计算机、打印机和外围设备，也包括电信设备和多媒体装置。

LISN（Line Impedance Stabilization Network），线路阻抗稳定网络，为电源线和其他信号线提供标准化的和通用的阻抗。不同标准使用的LISN 类型不同。使用时需要端接 $50\Omega$ 阻抗。

NF（Near Field），近场，距离辐射源足够近，辐射场被认为是球面波而不是平面波的区域。

NS（Noise Source），噪声源，对其他电路或系统产生电磁干扰或破坏的源。

OATS（Open Area Test Site），开阔试验场地，除了接地平面外无其他反射物体的室外 EMC 试验场地。

PDN（Power Distribution Network），电源分布网络，从电源到电路的导线布线和电路印制线。这包括电路板的寄生元件（$R$、$L$、$C$）、印制线、旁路电容和其他串联电感。

PLT（Power Line Transient），电力线瞬态，电源输入（直流源或交流线）的电压中突发的正极性或负极性的浪涌。

PM（Pulsed Modulation），脉冲调制，连续波的信号通常快速率地进行通断的一种调制。占空比通常很小。这种调制方式常在雷达中使用。

Radiated，辐射，天线或环路通过空气传播能量。

RFI（Radio Frequency Interference），无线电频率干扰，无线电频率（通常从几 kHz 到几 GHz）发射产生的电子装置或系统性能的下降，同电磁干扰（EMI）。

RE（Radiated Emissions），辐射发射，电路或设备产生的能量，其由设备的电路、外壳和/或电缆的辐射直接产生。

RI（Radiated Immunity），辐射抗扰度，电路或系统对耦合到外壳、电路板和/或电缆上的辐射能量的抗扰度的能力，同辐射敏感度（RS）。

RF（Radio Frequency），射频，其电磁能量辐射用于通信的频率。

RS（Radiated Susceptibility），辐射敏感度，设备或电路承受或抵制附近辐射射频源的能力，同辐射抗扰度（RI）。

SSCG（Spread Spectrum Clock Generation），时钟的扩频，这种技术利用连续波时钟信号产生的能量并使其扩展得更宽。对于基波和高次谐波，这将产生较小的有效幅值。它用于增加相对于限值的辐射或传导发射裕量。

SSN（Simultaneous Switching Noise），同步开关噪声，由数字电路产生的开关瞬态电流在电源总线上出现的快脉冲。

SW（Square Wave Modulation），方波调制，和脉冲调制的方式相同，连续波的信号进行通断的一种调制。然而，其占空比为50%，这意味着一半时间通、一半时间断。

TEM（Transverse Electromagnetic），横电磁波，电场和磁场互相垂直且两者均与传播方向垂直的电磁平面波，也称为远场波。横电磁波室通常产生横电磁波用于近场的辐射抗扰度试验。

Victim，受扰者，接收电磁骚扰且其电路受到干扰的电子装置、元器件或系统。

VSWR（Voltage Standing Wave Ratio），电压驻波比，负载阻抗与其传输线匹配程度的度量。其可通过驻波的峰值电压除以驻波的零点电压得到。对于好的匹配，其VSWR应小于1.2。

XTALK（Crosstalk），串扰，一个电路到另外一个电路电磁耦合的度量。这是电路印制线之间的常见问题。

EMI Troubleshooting Cookbook for Product Designers: Concepts, Techniques, and Solutions/by Patrick G. André, Kenneth D. Wyatt/ISBN: 978 - 1 - 6135 - 3019 - 1.

Copyright ⓒ 2014 by SciTech Publishing Edison, NJ. All rights reserved.

Authorized translation from English language edition published by SciTech Publishing, an imprint of The IET. All rights reserved. 本书原版由 IET 旗下, SciTech 出版公司出版, 并经其授权翻译出版。版权所有, 侵权必究。

China Machine Press is authorized to publish and distribute exclusively the Chinese (Simplified Characters) language edition. This edition is authorized for sale in the Chinese Mainland (excluding Hong Kong SAR, Macao SAR and Taiwan). No part of the publication may be reproduced or distributed by any means, or stored in a database or retrieval system, without the prior written permission of the publisher. 本书中文简体翻译版授权由机械工业出版社独家出版并限在中国大陆地区 (不包括香港、澳门特别行政区及台湾地区) 出版与发行。未经出版者书面许可, 不得以任何方式复制或发行本书的任何部分。

北京市版权局著作权合同登记　图字: 01 - 2014 - 8168 号。

**图书在版编目 (CIP) 数据**

产品设计的电磁兼容故障排除技术/(美) 帕特里克·G. 安德烈 (Patrick G. André), (美) 肯尼思·D. 怀亚特 (Kenneth D. Wyatt) 著; 崔强译. —北京: 机械工业出版社, 2019.4 (2024.5 重印)
(国际电气工程先进技术译丛)
书名原文: EMI Troubleshooting Cookbook for Product Designers
ISBN 978-7-111-62047-1

Ⅰ. ①产… Ⅱ. ①帕… ②肯… ③崔… Ⅲ. ①电子产品 - 产品设计 - 电磁兼容性 - 故障修复 Ⅳ. ①TN03

中国版本图书馆 CIP 数据核字 (2019) 第 031673 号

机械工业出版社 (北京市百万庄大街22号　邮政编码100037)
策划编辑: 王　欢　责任编辑: 王　欢
责任校对: 陈　越　封面设计: 马精明
责任印制: 郜　敏
北京富资园科技发展有限公司印刷
2024 年 5 月第 1 版第 6 次印刷
148mm × 210mm · 8.5 印张 · 241 千字
标准书号: ISBN 978 - 7 - 111 - 62047 - 1
定价: 49.00 元

凡购本书, 如有缺页、倒页、脱页, 由本社发行部调换
电话服务　　　　　　　　　　　网络服务
服务咨询热线: 010 - 88361066　机工官网: www.cmpbook.com
读者购书热线: 010 - 68326294　机工官博: weibo.com/cmp1952
　　　　　　　　　　　　　　　金 书 网: www.golden - book.com
**封面无防伪标均为盗版**　　教育服务网: www.cmpedu.com